1 Reelle Zahlen

2 Quadratische Funktionen

3 Quadratische Gleichungen

4 Körperbetrachtungen

5 Trigonometrie

6 Potenzfunktionen und Potenzgleichungen

1 Wandle, falls möglich, die Potenz in ein Produkt um und berechne dann den Potenzwert.

a) $(-7)^3 =$ ____________________ b) $(-2)^{-4} =$ ____________________

c) $0{,}8^{-3} =$ ____________________ d) $(-0{,}09)^2 =$ ____________________

e) $\left(\frac{1}{2}\right)^0 =$ ____________________ f) $\left(-\frac{3}{4}\right)^{-3} =$ ____________________

g) $\left(-\frac{3}{100}\right)^2 =$ ____________________ h) $\left(\frac{17}{31}\right)^{-1} =$ ____________________

2 Bestimme das fehlende Vorzeichen. Findest du mehr als eine Lösung?

a) $6^{-3} = \square\,\frac{1}{216}$
$(-6)^{-3} = \square\,\frac{1}{216}$
$-6^{-3} = \square\,\frac{1}{216}$

b) $(\square\,2{,}5)^{-3} = -\frac{8}{125}$
$\square\,2{,}5^{-3} = +\frac{8}{125}$
$\square\,2{,}5^{-3} = -\frac{8}{125}$

c) $(-1{,}5)^{-2} = \square\,\frac{4}{9}$
$-1{,}5^{-2} = \square\,\frac{4}{9}$
$(\square\,1{,}5)^{-2} = \frac{4}{9}$

d) $(-0{,}5)^0 = \square\,1$
$-0{,}5^0 = \square\,1$
$(-0{,}5)^{-1} = \square\,2$

3 Verbinde die Potenzen mit ihrem jeweiligen Wert.

a) $(-4)^{-3}$ | 4^{-3} | -4^{-3} | $(+4)^{-3}$

$-\frac{1}{64}$ | $\frac{1}{64}$

b) $(-1)^{-3}\cdot(-5)^{-3}$ | $(-1)^{-3}\cdot(-5)^{-3}$ | $(-1)^{-3}\cdot(+5)^{-3}$ | $(-1)^{-3}\cdot(+5)^{-3}$

$-\frac{1}{125}$ | $\frac{1}{125}$

4 Fülle die Tabelle aus und stelle die Ergebnisse mit verschiedenen Farben für die Basen in einem Koordinatensystem dar (Exponent auf der x-Achse).
Runde auf zwei Nachkommastellen.

Basis \ Exponent	0	−1	−2	−3	−4	−5
1,2						
1						
−2						
$\frac{9}{10}$						
$-\frac{9}{10}$						

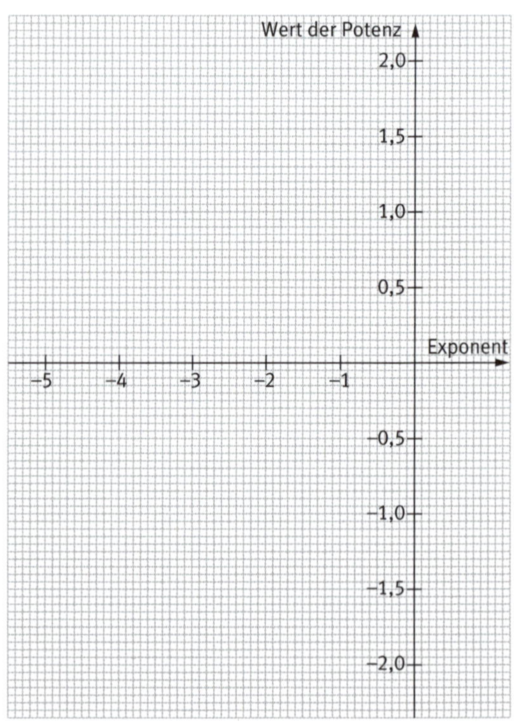

1 Schreibe die folgenden Zahlen ohne und mit Zehnerpotenzen (ZP).

Zahl	**eins**	**zehn**	**hundert**	**tausend**	**eine Million**	**eine Milliarde**
ohne ZP						
mit ZP						

2 Vervollständige die fehlenden Angaben in der Tabelle.

			Angabe ohne Zehnerpotenz	**Angabe mit Zehnerpotenz**
a)		Erdbevölkerung		$7{,}39 \cdot 10^9$
		Masse der Erde	5 974 000 000 000 000 000 000 000 kg	
		Oberflächeninhalt der Erde		$5{,}11 \cdot 10^8$ km²
b)	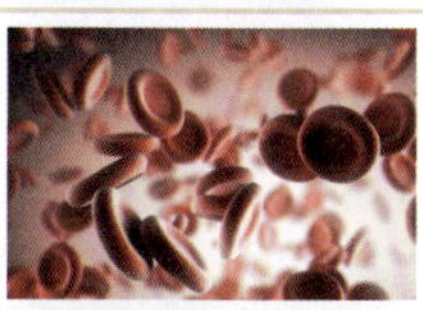	Durchmesser eines roten Blutkörperchens	0,000007 m	
		Anzahl roter Blutkörperchen		$28 \cdot 10^{12}$
c)		Wellenlänge des blauen Lichts		$4{,}8 \cdot 10^{-7}$ m
		Durchmesser Glasfaser	0,0000065 m	
		Länge eines Glasfaserkabels	421 000 m	

3 Untersuche, ob die Umwandlung richtig oder falsch ist. Korrigiere fehlerhafte Angaben.

a)	$0{,}8427 = 8{,}427 \cdot 10^1$	☐ richtig ☐ falsch	Korrektur:
b)	$0{,}0006428 = 64{,}8 \cdot 10^{-5}$	☐ richtig ☐ falsch	Korrektur:
c)	$3\,400\,000 = 3{,}4 \cdot 10^5$	☐ richtig ☐ falsch	Korrektur:
d)	$7{,}2 \cdot 10^{-7} = 0{,}000000072$	☐ richtig ☐ falsch	Korrektur:
e)	$0{,}000001 = 10^{-6}$	☐ richtig ☐ falsch	Korrektur:

1 Vereinfache die Terme so weit wie möglich.

a) $6x^2 + y + 3x^2 =$ ______

b) $-9x^2 + x \cdot 4x + x =$ ______

c) $5a - 6a^2 + 4a - \frac{7}{2}a^2 =$ ______

d) $\frac{3}{2}y^3 - x^4 + 8y^3 + 2x^4 =$ ______

e) $7{,}5s + 9s^2 - \frac{12}{8}s^2 + 8s =$ ______

f) $\frac{7}{8}v^7 - \frac{5}{3}v^{12} + \frac{9}{8}v^7 + 2v^{12} - 3v =$ ______

g) $a^0 + a^1 + a^2 =$ ______

h) $2{,}3x^2 + 1{,}2x - 8x^2 + 9x^1 =$ ______

2 Ergänze die Lücken.

a) $2^4 \cdot 2^7 = 2^{\square} = 2^{\square}$

b) $8^9 : 8^{\square} = 8^{9-4} = \square$

c) $-3^3 \cdot (-3)^6 = -3^3 \cdot 3^{\square} = \square$

d) $(-3)^3 \cdot (-3)^{-5} \cdot (-3)^{10} = \square$

e) $\left(-\frac{7}{8}\right)^8 \cdot \square = \left(-\frac{7}{8}\right)^{-1} = \square$

f) $u^4v^6 : v^4u^2 = \square$

g) $\left(\frac{3}{4}\right)^4 \cdot \left(\frac{3}{4}\right)^{-4} = \square$

h) $-4^7 : 4^5 = \square$

i) $0^9 \cdot 0^5 = \square$

3 Bestimme die fehlenden Potenzwerte in der Multiplikationsmauer.

a)

8^6	8^2	

b)

1		
	$\left(\frac{2}{3}\right)^{-1}$	$\left(\frac{3}{2}\right)^3$

c)

a^5b^{10}		
a^3b^6		
		ab^{-1}

4 Schreibe als eine Potenz der Form a^b mit $b \in \mathbb{N}$. Achte sehr genau auf die Klammersetzung.

a) $(8^4)^3 =$

b) $(8^3)^4 =$

c) $(-8^3)^4 =$

d) $8^{(3^4)} =$

e) $[(-3)^7]^3 =$

f) $[(-0{,}1)^3]^7 =$

g) $\left(\left(\frac{3}{10}\right)^5\right)^9 =$

h) $[(-0{,}29)^7]^0 =$

i) $(2^{-3})^{-4} =$

j) $\left(\frac{1}{3}\right)^{-3} =$

k) $\left(\frac{1}{16}\right)^{-2} =$

l) $(((3)^1)^2)^3 =$

5 Ordne den Rechnungen ihre Ergebnisse zu und verbinde sie. Das Startkärtchen ist gekennzeichnet. Im letzten Kärtchen (hellblau) fehlt das Ergebnis.

Start	$2^{-9} : 2^3 =$
1	$2 : 2^7 =$
$\frac{1}{64}$	$2^9 : 2^7 =$
8	$[(2^2)^3]^2 =$
2^{-12}	$2^{-7} : 2^{-3} =$
	Ende
2^2	$2 \cdot 2^4 \cdot 2^{-2} =$
2^{-4}	$(2^2)^3 =$
2^6	$2^{13} \cdot 2^{-13} =$
16	$(-2)^3 =$
2^{12}	$2 : 2^{-3} =$

1 Vervollständige die Tabelle.

a)

Quadratzahl	144			676
Quadratwurzel		14	22	

b)

Kubikzahl	216	512	1331	
Kubikwurzel				13

2 Bestimme die Wurzel im Kopf.

a) $\sqrt{225} =$ ______ b) $\sqrt{36^2} =$ ______ c) $\sqrt[3]{8^2} =$ ______ d) $\sqrt[3]{1{,}5^3} =$ ______

e) $\sqrt{9^3} =$ ______ f) $\sqrt[3]{18^3} =$ ______ g) $\sqrt{100^3} =$ ______ h) $\sqrt{16^3} =$ ______

3 Nutze die gegebene Wurzel. Wie lautet die Wurzel aus der gegebenen Zahl? Kreuze an.

a)	$\sqrt{121} = 11$	$\sqrt{1{,}21} =$	☐ 11,1	☐ 1,1	☐ 1,01	☒ 0,11
b)	$\sqrt{16} = 4$	$\sqrt{0{,}16} =$	☐ 40	☐ 4,4	☒ 0,4	☐ 0,04
c)	$\sqrt{9} = 3$	$\sqrt{0{,}0009} =$	☐ 0,3	☐ 0,03	☐ 0,003	☒ 0,0003
d)	$\sqrt{625} = 25$	$\sqrt{0{,}0625} =$	☐ 25,0	☐ 2,5	☐ 0,25	☒ 0,025
e)	$\sqrt[3]{27} = 3$	$\sqrt[3]{0{,}027} =$	☐ 0,3	☐ 0,03	☐ 0,003	☐ 0,0003
f)	$\sqrt[3]{1000} = 10$	$\sqrt[3]{0{,}000001} =$	☐ 1,0	☐ 0,1	☐ 0,01	☐ 0,001

4 <, > oder = ? Setze richtig ein. Begründe die Ungleichheit mithilfe einer Quadratwurzel.

a) $\sqrt{8}$ ☐ 3, denn $\sqrt{8} < \sqrt{9}$ b) $\sqrt{15}$ ☐ 4, denn ______

c) $\sqrt{38}$ ☐ 6, denn ______ d) $\sqrt{220}$ ☐ 15, denn ______

e) $\sqrt{625}$ ☐ 25, denn ______ f) $\sqrt{881}$ ☐ 30, denn ______

g) $\sqrt{80{,}5}$ ☐ 8, denn ______ h) $\sqrt{48{,}9}$ ☐ 7, denn ______

5 Ergänze die Lücken, jede Lücke steht für eine Ziffer.

a) $\sqrt{12\square} = 11$ b) $\sqrt{1\square 6} = 14$ c) $\sqrt{2\square} = 5$ d) $\sqrt{6\square} = \square$ e) $\sqrt{4\square 1} = 2\square$

f) $\sqrt{\square 00} = 2\square$ g) $\sqrt{\square 4\square} = 1\square$ h) $\sqrt{144\square} = \square\square$ i) $\sqrt[3]{6\square} = \square$ j) $\sqrt[3]{2\square\square} = \square$

6 Ordne die Wurzeln zwischen zwei natürlichen Zahlen am Zahlenstrahl ein.

$\sqrt[2]{0{,}5}$ $\sqrt[2]{3}$ $\sqrt[2]{10}$ $\sqrt[3]{20}$ $\sqrt[2]{150}$ $\sqrt[2]{60}$ $\sqrt[2]{99}$ $\sqrt[3]{7500}$ $\sqrt[2]{250}$ $\sqrt[2]{420}$ $\sqrt[2]{599}$

0 1 2 3 4 5 6 7 8 9 10 11 12 13 14 15 16 17 18 19 20 21 22 23 24 25 26

1 Sortiere die gegebenen Zahlen in die passende Zahlenmenge ein.

$\sqrt{7}$; $\sqrt{100}$; $\sqrt{12{,}25}$; $3\sqrt{5}$; $-\sqrt{0{,}09}$; $\sqrt{\frac{1}{25}}$; $\sqrt{1\frac{7}{9}}$; $\sqrt{0{,}49}$; $\sqrt{4000}$; $-0{,}2\sqrt{16}$; $-\sqrt{3}$; $\sqrt{-1}$; $\sqrt{\frac{7}{49}}$; $\sqrt{1{,}01}$

irrationale Zahlen: $\sqrt{7}$, $\sqrt{12{,}25}$

rationale Zahlen: $\sqrt{100}$

Rest:

2 Kreuze an.

	Die Zahl … ist eine …	natürliche Zahl.	ganze Zahl.	rationale Zahl.	irrationale Zahl.	reelle Zahl.
a)	$\sqrt{4}$	☒	☒	☐	☐	☐
b)	$-\frac{2}{3}$	☐	☐	☐	☐	☐
c)	6,25	☐	☐	☐	☐	☐
d)	$-\sqrt{2}$	☐	☐	☐	☐	☐
e)	$-\sqrt{144}$	☐	☐	☐	☐	☐
f)	$\sqrt{16{,}9}$	☐	☐	☐	☐	☐

3 Wahr oder falsch? Kreise ein. Die richtigen Lösungen ergeben ein Lösungswort.

		wahr	falsch
a)	Die Wurzel aus einer natürlichen Zahl ist stets irrational.	R	(Z)
b)	Jede rationale Zahl ist auch eine reelle Zahl.	(A)	U
c)	Es gibt Zahlen, die zugleich rational und irrational sind.	C	(H)
d)	Man kann stets die Wurzel aus einer ganzen Zahl ziehen.	G	(L)
e)	Eine natürliche Zahl ist zugleich auch eine reelle Zahl.	(E)	A
f)	Die reellen Zahlen umfassen alle rationalen und irrationalen Zahlen.	(N)	M

Lösungswort: Zahlen

4 Kreise im Zahlenspeicher alle irrationalen Zahlen ein und sortiere sie (möglichst ohne Taschenrechner) so ein, dass wahre Aussagen entstehen.

a) $0{,}7 <$ ______ $< 0{,}9$ b) $10 <$ ______ < 12 c) $\frac{1}{9} <$ ______ $< \frac{1}{7}$

d) $0{,}2 <$ ______ $< 0{,}3$ e) $2 <$ $\sqrt{5}$ $< 2{,}5$ f) $\frac{5}{9} <$ ______ $< \frac{8}{9}$

Zahlenspeicher

$\sqrt{\frac{50}{81}}$ $\sqrt{0{,}04}$ $\sqrt{\frac{49}{81}}$ $\sqrt{5}$ $\sqrt{\frac{1}{60}}$ $\sqrt{4{,}41}$

$\sqrt{0{,}6}$ $\sqrt{140}$ $\sqrt{0{,}64}$ $\sqrt{0{,}048}$ $\sqrt{121}$

1 Kreuze an, ob richtig umgeformt wurde. Verbessere falsche Ergebnisse.

a) $\sqrt{1+3\cdot16}=(1+4)\cdot\sqrt{3}=5\sqrt{3}$	b) $\sqrt{9+16}=\sqrt{9}+\sqrt{16}=3+4=7$	c) $\sqrt{4\cdot36}=\sqrt{4}\cdot\sqrt{36}=2\cdot6=12$
☐ richtig ☐ falsch	☐ richtig ☐ falsch	☐ richtig ☐ falsch
d) $\sqrt{(-3)^2}=\sqrt{9}=3$	e) $(\sqrt{-3})^2=-3$	f) $\sqrt{169-144}=13-12=1$
☐ richtig ☐ falsch	☐ richtig ☐ falsch	☐ richtig ☐ falsch
g) $\frac{\sqrt{10000}}{\sqrt{14400}}=\sqrt{\frac{10000}{14400}}=\sqrt{\frac{100}{144}}=\frac{10}{12}=\frac{5}{6}$	h) $\sqrt{\frac{2}{9}}+\sqrt{\frac{23}{9}}=\sqrt{\frac{2}{9}+\frac{23}{9}}=\sqrt{\frac{25}{9}}=\frac{5}{3}$	i) $\frac{\sqrt{17}}{\sqrt{68}}=\sqrt{\frac{17}{68}}=\frac{1}{4}=2$
☐ richtig ☐ falsch	☐ richtig ☐ falsch	☐ richtig ☐ falsch

2 Vervollständige die Multiplikations- bzw. Divisionstabellen.

a)

1. Faktor / 2. Faktor			
·	$\sqrt{5}$	$-\sqrt{11}$	$4\sqrt{3}$
$\sqrt{7}$	$\sqrt{35}$		
$-2\sqrt{3}$			
$4\sqrt{11}$			

b)

Dividend / Divisor			
:	$\sqrt{2}$	$-5\sqrt{3}$	$\sqrt{0{,}5}$
$20\sqrt{18}$	$20\sqrt{9}$ $= 60$		
$-8\sqrt{6}$			
$60\sqrt{54}$			

3 Fasse zusammen und radiziere ohne Taschenrechner so weit wie möglich.

a) $\sqrt{12}\cdot\sqrt{3}=\sqrt{\square\cdot\square}=\sqrt{\square}=$ ______

b) $\sqrt{704}:\sqrt{11}=$ ______

c) $\sqrt{\frac{10}{21}}:\sqrt{\frac{7}{5}}=\sqrt{\square:\square}=\sqrt{\square\cdot\square}=$ ______

d) $\sqrt{6}\cdot\sqrt{15}\cdot\sqrt{45}=$ ______

e) $0{,}5\sqrt{6}\cdot(\sqrt{15}+2\sqrt{18})=$ ______

4 Man gelangt von einem Kästchen zum nächsten, indem man die im Pfeil angegebene Rechenoperation ausführt. Vervollständige die Kästchen bzw. Pfeile.

	Kästchen	Pfeil	Kästchen	Pfeil	Kästchen	Pfeil	Kästchen	Pfeil	Kästchen
a)	$\sqrt{3}$	$\cdot\sqrt{10}$		$+5\sqrt{30}$		$:4\sqrt{15}$		$\cdot\sqrt{2}$	
b)	6	$:\sqrt{6}$			$-6\sqrt{6}$	$:3\sqrt{2}$			$7\sqrt{3}$
c)	$3\sqrt{2}$		$-6\sqrt{10}$	$\cdot4\sqrt{3}$		$\cdot\frac{1}{2}\sqrt{\frac{1}{6}}$			$-2\sqrt{\frac{1}{3}}$

I. Zahlen als Zehnerpotenzen darstellen

✓

1 a) Schreibe als Dezimalzahl.

1 $2{,}4 \cdot 10^{-5} =$ ______ $2{,}4 \cdot 10^{5} =$ ______ ☐

2 $7{,}453 \cdot 10^{-8} =$ ______ $7{,}453 \cdot 10^{8} =$ ______ ☐

b) Schreibe mit einer Zehnerpotenz.

1 $245\,000 =$ ______ $0{,}000245 =$ ______ ☐

2 $-0{,}0000046 =$ ______ $-46\,000\,000 =$ ______ ☐

2 Ordne die Zahlen der Größe nach.

a) 10^3; $(-10)^{-4}$; 10^{-2}; $(-10)^5$; $(-10)^{-3}$

____ < ____ < ____ < ____ < ____ ☐

b) $4{,}3 \cdot 10^3$; $2{,}1 \cdot 10^{-5}$; $-3{,}8 \cdot 10^2$; $6{,}9 \cdot 10^0$; $-2{,}5 \cdot 10^{-6}$

____ < ____ < ____ < ____ < ____ ☐

II. Potenzgesetze anwenden

✓

3 Ein Stein in der Zahlenmauer enthält das Produkt der darunter liegenden Steine. Vervollständige.

a)

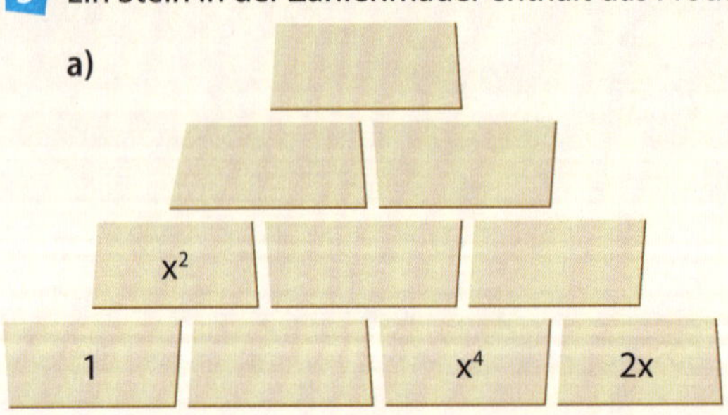

b)

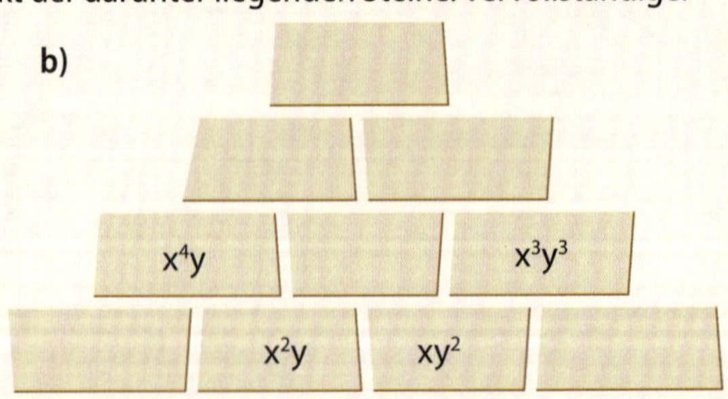

☐ ☐

4 Korrigiere die fehlerhaften Berechnungen.

a) $a^4 + a^3 = a^{4+3} = a^7$ Korrektur: ______ ☐

b) $\frac{2b^2}{3b^3} = \frac{2}{3} b^{3-2} = \frac{2}{3} b$ Korrektur: ______ ☐

c) $c \cdot c^5 \cdot \frac{1}{c^2} = c^{0+5-2} = c^3$ Korrektur: ______ ☐

5 Kreuze die richtige Potenz an

a) $(2{,}4^3)^4 = ?$

☐ $2{,}43^4$
☐ $2{,}4^7$
☐ $2{,}4^{12}$

b) $(1{,}5^5)^{-2} = ?$

☐ $1{,}5^{-10}$
☐ $1{,}5^{-3}$
☐ $1{,}5^{+3}$

c) $(1{,}6^5)^0 = ?$

☐ 1
☐ $1{,}6^5$
☐ $1{,}6^{50}$

☐

III. Mit reellen Zahlen rechnen

✓

6 Markiere zuerst Quadratzahlen bzw. „Zahlenpärchen“ und radiziere dann so weit wie möglich (a, b, x und y sind positive, reelle Zahlen).

a) $\sqrt{2\cdot 9} = 3\sqrt{}$ $\quad\quad$ $\sqrt{5\cdot 2\cdot 5} = 5\sqrt{}$

$\sqrt{4\cdot 7\cdot 2\cdot 7} = \cdot\sqrt{} =$ $\quad\quad$ $\sqrt{16\cdot 11} =$

b) $\sqrt{11\cdot 11\cdot 3} =$ $\quad\quad$ $\sqrt{12\cdot 25\cdot 12\cdot 2} = =$

$\sqrt{y\cdot x\cdot y} =$ $\quad\quad$ $\sqrt{a^6\cdot b^3\cdot b\cdot b^3} =$

7 Das abgebildete Labyrinth besteht aus quadratischen Säulen, bei denen man sich nur entlang der Kanten bewegen kann. Die Punkte A bis D bezeichnen die Zu- bzw. Ausgänge zum Labyrinth. Berechne die Länge …

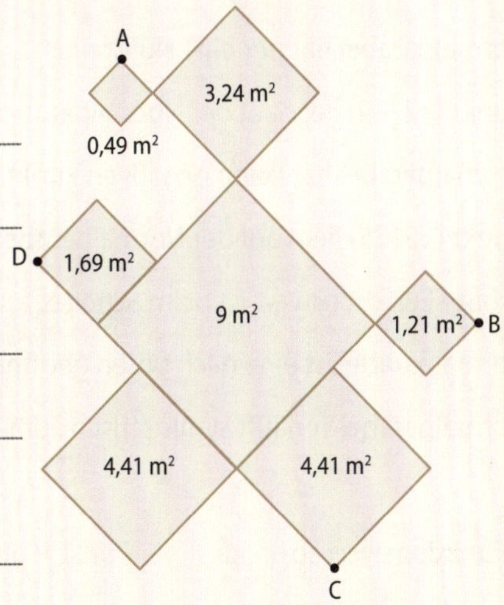

a) des kürzesten Weges von A nach B:

____

____

b) des kürzesten Weges von A nach C:

____

____

c) des kürzesten Weges von C nach D:

____

____

8 Nutze die Rechengesetze für Wurzeln, um die Zahl zu vereinfachen.

Beispiel:

$\sqrt{125} = \sqrt{25\cdot 5} = \sqrt{25}\cdot\sqrt{5} = 5\sqrt{5}$

$\sqrt{162} = = \sqrt{2}$

$\sqrt{28} = = \sqrt{7}$

$\sqrt{75} = = \sqrt{3}$

Teil	Ich kann bei einfachen Aufgaben …	Aufgaben	Kreuze an. 0–2	3–4	5–6
I.	Zahlen als Zehnerpotenzen darstellen.	1, 2	☹	😐	☺
II.	Potenzgesetze anwenden.	3, 4, 5	☹	😐	☺
III.	mit reellen Zahlen rechnen.	6, 7, 8	☹	😐	☺

2 Quadratische Funktionen
Die Normalparabel

1 Kreuze die Punkte an, die auf der Normalparabel liegen.

☐ A (3 | 9) ☐ B (2 | 6) ☐ C (−3 | 9) ☐ D (−2 | −4) ☐ E (9 | 3) ☐ F (0 | 0)

2 Die Punkte A bis J sollen auf der Normalparabel liegen. Gib, falls möglich, die fehlenden Werte an.

A (−4 | ____) B (2,4 | ____) C (−1,2 | ____) D (____ | 16) E (____ | −16)

F (____ | 2) G (____ | $\frac{1}{4}$) H (____ | $-\sqrt{3}$) I ($3\sqrt{3}$ | ____) J (____ | x^2)

3 Kreuze die richtigen Aussagen zur Normalparabel an.

☐ Der Scheitelpunkt liegt bei (0 | 0).
☐ Zu jedem Funktionswert gibt es zwei Argumente.
☐ Die Normalparabel hat nur eine Nullstelle.
☐ Der Punkt (−2 | −4) liegt auf der Normalparabel.
☐ Die Normalparabel hat keine negativen Funktionswerte.
☐ Der Punkt (−5 | 25) liegt auf der Normalparabel.
☐ Der größte Funktionswert ist beim Scheitelpunkt.
☐ Die Normalparabel ist eine nach unten geöffnete Parabel.
☐ Die Normalparabel verläuft symmetrisch zur x-Achse.

4 Gib einen Funktionswert so an, dass der Punkt P oberhalb der Normalparabel liegt.

a) P (−2 | ____) **b)** P (2,5 | ____) **c)** P (0 | ____) **d)** P (−10 | ____) **e)** P ($\sqrt{3}$ | ____)

5 **a)** Zeichne die Normalparabel mindestens im Intervall $-2{,}5 \le x \le 2{,}5$.

b) Kreuze die richtigen Aussagen an. Der Punkt …

☐ A (−2 | −4) liegt unterhalb der Normalparabel.
☐ B (3 | 3) liegt auf der Normalparabel.
☐ C (2 | 4) liegt auf der Normalparabel.
☐ D (2,5 | 6,25) liegt oberhalb der Normalparabel.
☐ E (−2 | 6) liegt oberhalb der Normalparabel.
☐ F (−1 | 1,5) liegt unterhalb der Normalparabel.

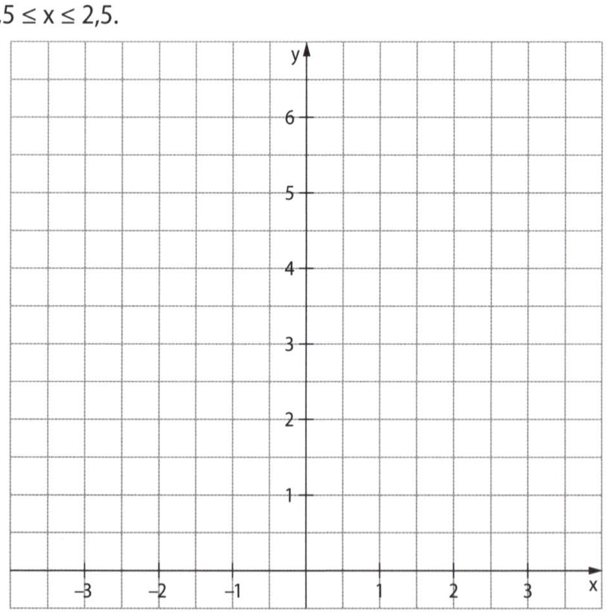

6 Setze die Begriffe **unterhalb**, **oberhalb** oder **auf** korrekt ein.
Der Punkt …

a) A (3 | 6) liegt ____ der Normalparabel.

b) B (−5 | 26) liegt ____ der Normalparabel.

c) C (−5 | −25) liegt ____ der Normalparabel.

d) D (1,5 | 2,25) liegt ____ der Normalparabel.

1 Die Graphen der gegebenen Funktionen ($\mathbb{D} = \mathbb{R}$) sind jeweils verschobene Normalparabeln.
Ordne die Koordinaten der Scheitelpunkte den Funktionsgleichungen zu.

$f(x) = x^2 + 4$	$f(x) = x^2 - 4$	$f(x) = (x - 4)^2$	$f(x) = (x + 4)^2$
S (4 | 0)	S (0 | 4)	S (−4 | 0)	S (0 | −4)

2 Gegeben sind Parabeln. Kreuze jeweils den zugehörigen Funktionsterm an.

a)
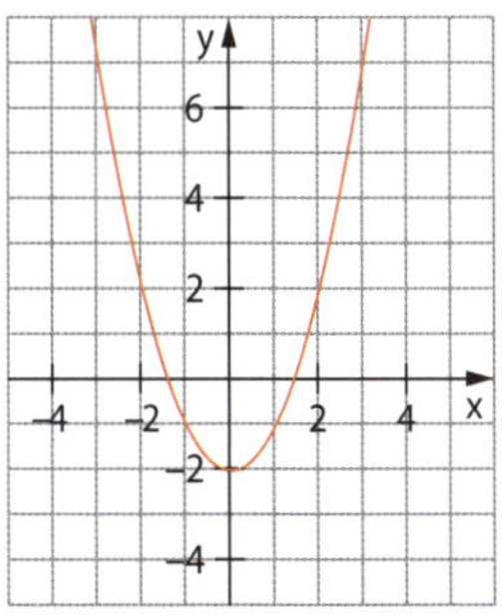

- ☐ $f(x) = x^2 + 2$
- ☐ $f(x) = x^2 - 2$
- ☐ $f(x) = (x + 2)^2$
- ☐ $f(x) = (x - 2)^2$

b)
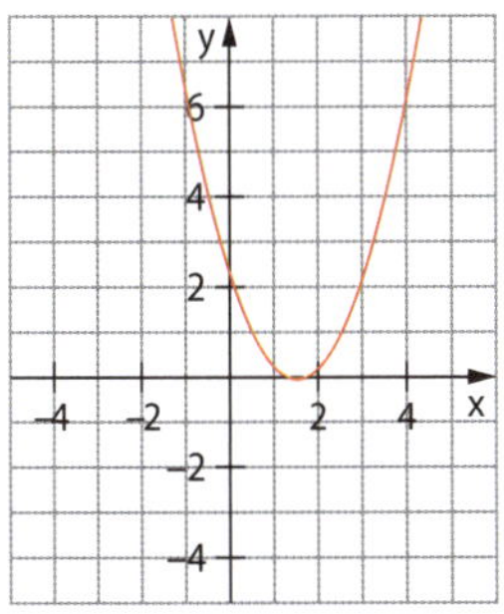

- ☐ $f(x) = x^2 + 1{,}5$
- ☐ $f(x) = x^2 - 1{,}5$
- ☐ $f(x) = (x + 1{,}5)^2$
- ☐ $f(x) = (x - 1{,}5)^2$

c)
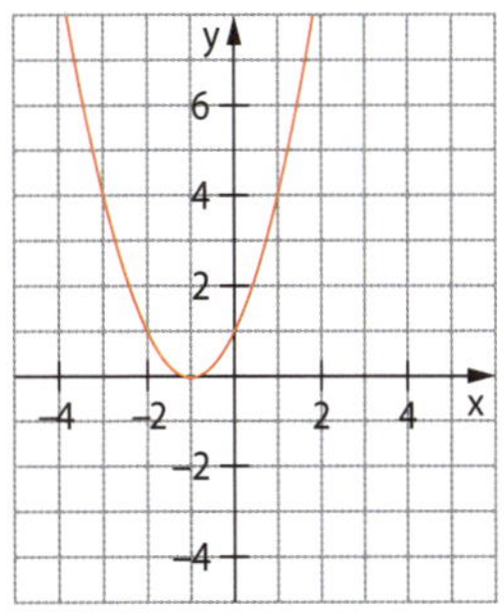

- ☐ $f(x) = x^2 + 1$
- ☐ $f(x) = x^2 - 1$
- ☐ $f(x) = (x + 1)^2$
- ☐ $f(x) = (x - 1)^2$

d)
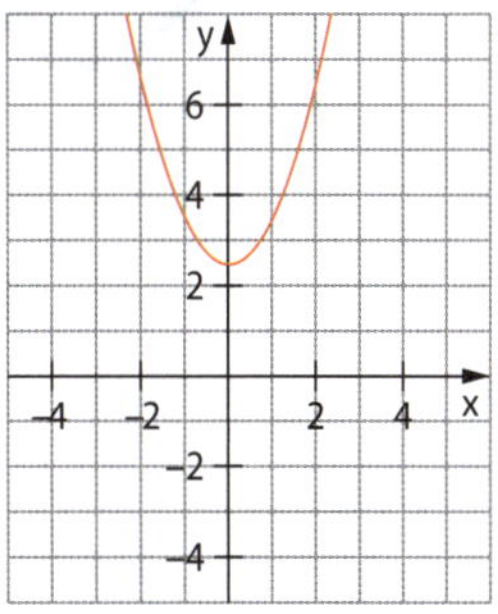

- ☐ $f(x) = x^2 + 2{,}5$
- ☐ $f(x) = x^2 - 2{,}5$
- ☐ $f(x) = (x + 2{,}5)^2$
- ☐ $f(x) = (x - 2{,}5)^2$

3 Die Parabeln haben alle die Form einer Normalparabel. Gib jeweils die Funktionsgleichung an.

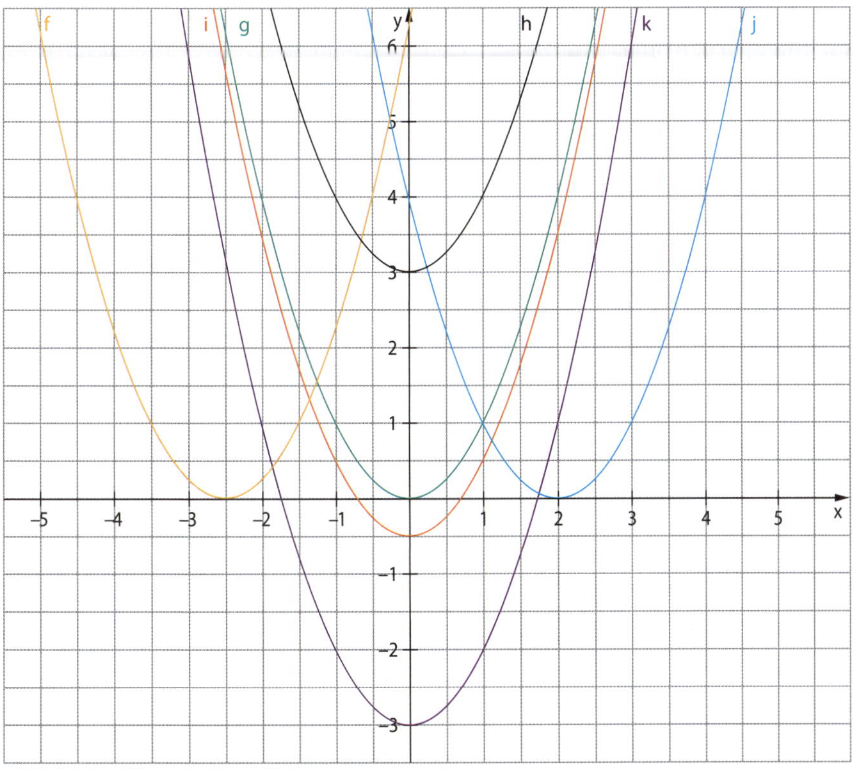

f(x) = ____________________

f(x) = ____________________

f(x) = ____________________

f(x) = ____________________

f(x) = ____________________

f(x) = ____________________

4 Gegeben sind die Scheitelpunkte von verschobenen Normalparabeln.

1 $S\left(\frac{1}{2}\middle|0\right)$ 2 $S(0|1{,}5)$ 3 $S(0|-2{,}5)$ 4 $S\left(-\frac{3}{2}\middle|0\right)$

a) Zeichne die Graphen mit verschiedenen Farben in das Koordinatensystem.

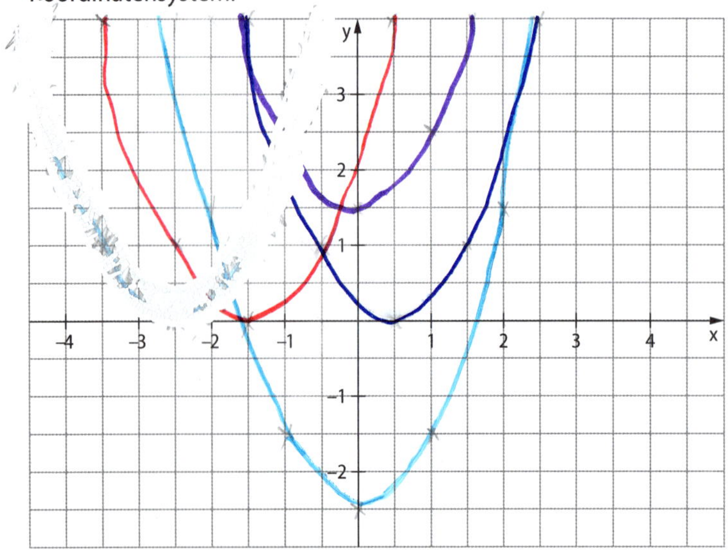

b) Gib die zugehörigen Funktionsgleichungen an.

1 f(x) = $(x-0{,}5)^2$

2 f(x) = $x^2+1{,}5$

3 f(x) = $(x+2{,}5)^2$

4 f(x) = $(x+1{,}5)^2$

5 Gegeben sind die Scheitelpunkte von verschobenen Normalparabeln. Kreuze an, ob der Graph die entsprechende Eigenschaft besitzt oder nicht.

Der Graph …	a) $S(0\|0{,}1)$	b) $S\left(1\frac{1}{3}\middle\|0\right)$	c) $S(-1{,}75\|0)$	d) $S\left(0\middle\|-\frac{1}{8}\right)$
schneidet die y-Achse.	☒	☒	☒	☒
hat … Nullstelle(n).	☒ 0 ☐ 1 ☐ 2	☐ 0 ☒ 1 ☐ 2	☐ 0 ☒ 1 ☐ 2	☐ 0 ☐ 1 ☒ 2

6 Zehn Parabeln sind durch ihre Gleichungen gegeben.

1 $f(x)=(x-8)^2$ 2 $f(x)=(x+2)^2$ 3 $f(x)=x^2+2$ 4 $f(x)=(x-1{,}5)^2$ 5 $f(x)=x^2-4$

6 $f(x)=x^2-7{,}5$ 7 $f(x)=(x-1)^2$ 8 $f(x)=(x+2{,}5)^2$ 9 $f(x)=\left(x-\frac{1}{3}\right)^2$ 10 $f(x)=x^2+2{,}5$

Kreuze an, ob die Aussage jeweils richtig oder flasch ist.

	Aussage	richtig	falsch
a)	Bei 60 % der Parabeln liegt der Scheitelpunkt auf der x-Achse.	☐	☐
b)	40 % der Parabeln sind verschobene Normalparabeln.	☐	☐
c)	50 % der Parabeln sind entlang der y-Achse verschoben.	☐	☐
d)	Bei 40 % der Parabeln hat der Scheitelpunkt eine positive x-Koordinate.	☐	☐

7 a) Bestimme alle Werte für $q \in \mathbb{R}$ so, dass der Graph der Funktion $f(x)=x^2+q$ …

1 genau eine Nullstelle hat. 2 keine Nullstelle hat.

b) Bestimme alle Werte für $d \in \mathbb{R}$ so, dass der Graph der Funktion $f(x)=(x+d)^2$ …

1 genau eine Nullstelle hat. 2 keine Nullstelle hat.

1 Ordne Funktionsgleichungen und Graphen einander zu. Beachte die Achseneinteilung.

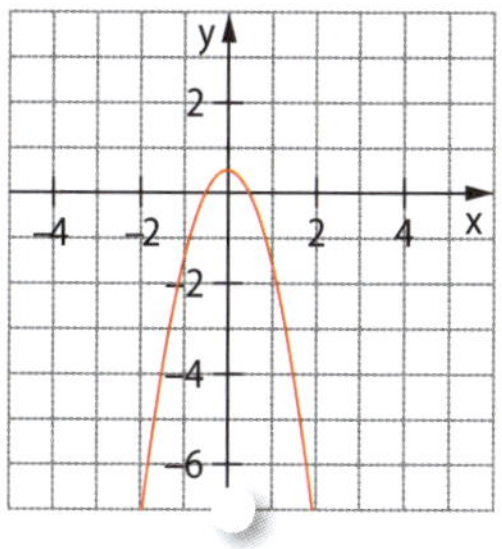

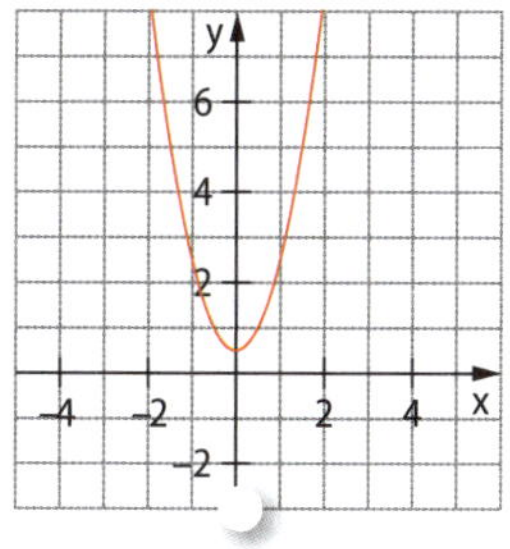

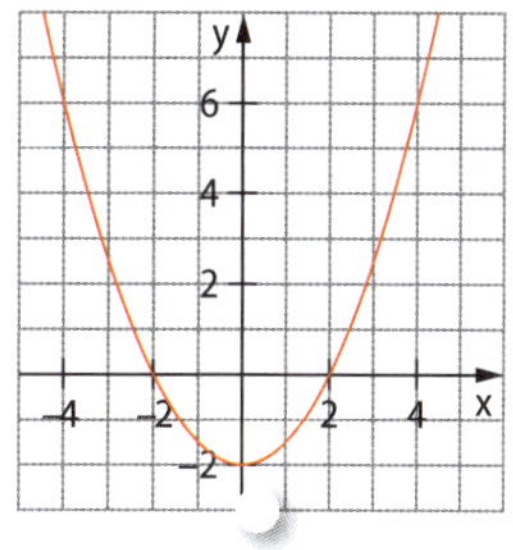

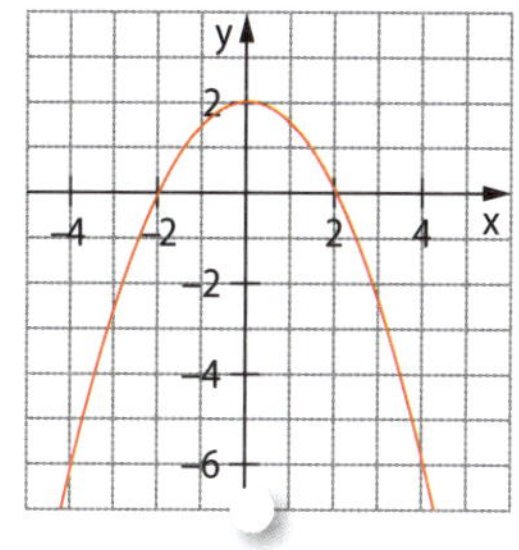

$f(x) = \frac{1}{2}x^2 - 2$ | $f(x) = -2x^2 + \frac{1}{2}$ | $f(x) = -\frac{1}{2}x^2 + 2$ | $f(x) = 2x^2 + \frac{1}{2}$

2 Gib die zugehörige Funktionsgleichung an.

a)
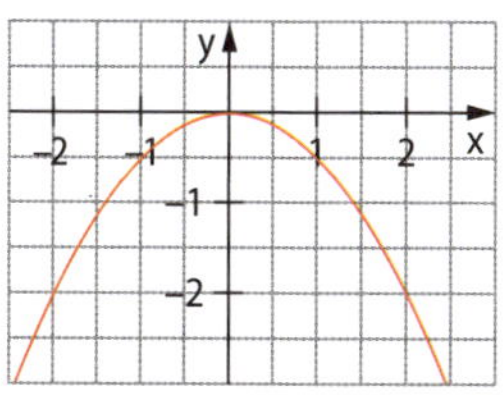

b)
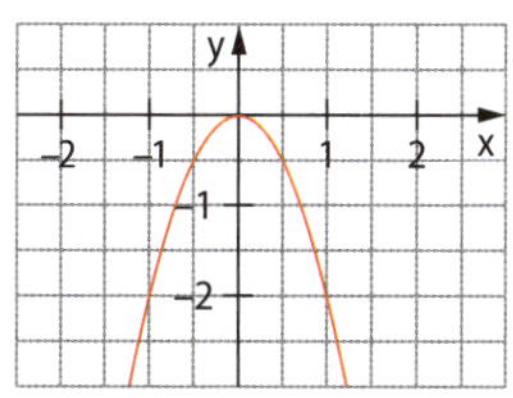

c)
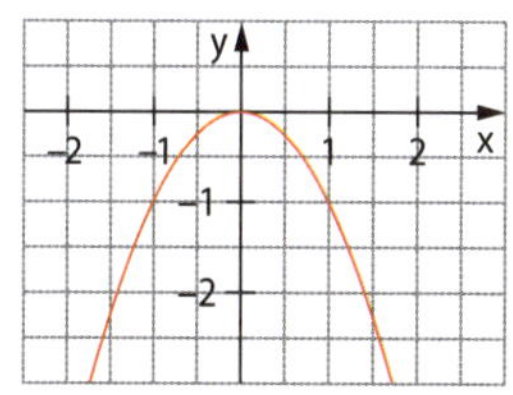

3 Berechne die Funktionswerte in der Tabelle und zeichne damit den zugehörigen Graph der Funktion.
Gib den Scheitelpunkt S an.

a) $f(x) = 0{,}5x^2 + 2$ S (______|______)

x	−2	−1	0	1	2
f(x)					

b) $f(x) = 2x^2 - 3$ S (______|______)

x	−2	−1	0	1	2
f(x)					

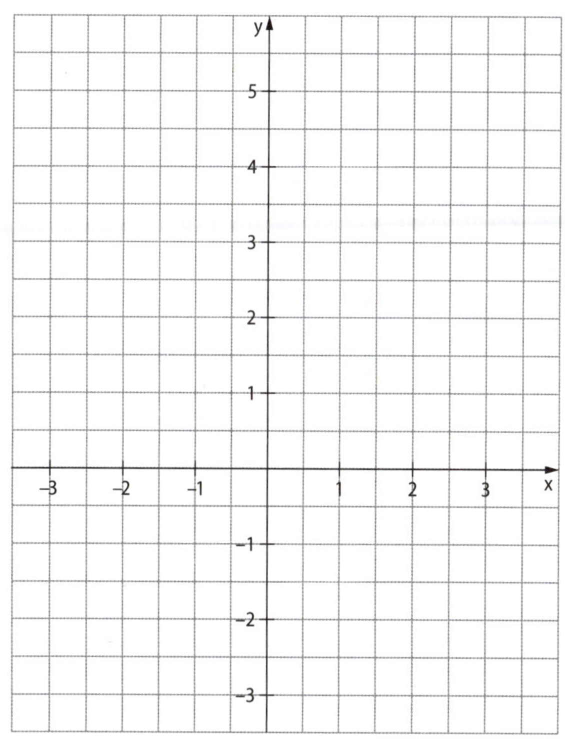

4 Entscheide, ob die Graphen der Funktionen im Vergleich zur Normalparabel gestreckt oder gestaucht sind.

		gestreckt	gestaucht
a)	$f(x) = 5x^2 + 2$	☐	☐
b)	$f(x) = -0{,}2x^2 + 3$	☐	☐
c)	$f(x) = 0{,}5 + 2x^2$	☐	☐
d)	$f(x) = 300x^2 - 0{,}001$	☐	☐
e)	$f(x) = -x^2 - 0{,}25$	☐	☐

Scheitelpunkt und Normalform einer Parabel

1 a) Bestimme die Koordinaten der Scheitelpunkte der Funktionsgleichungen.

1 $f(x) = (x + 3)^2 + 4$	S_1 (_____|_____)	2 $f(x) = (x + 2)^2$	S_2 (_____|_____)
3 $f(x) = (x + 3)^2 - 4$	S_3 (_____|_____)	4 $f(x) = (x + 1)^2 - 1{,}5$	S_4 (_____|_____)
5 $f(x) = x^2 - 4$	S_5 (_____|_____)	6 $f(x) = (x - 1)^2 - 1{,}5$	S_6 (_____|_____)
7 $f(x) = -(x - 3)^2 - 4$	S_7 (_____|_____)	8 $f(x) = (x - 2)^2$	S_8 (_____|_____)
9 $f(x) = (x - 3)^2 + 4$	S_9 (_____|_____)	10 $f(x) = -x^2 + 3$	S_{10} (_____|_____)

b) Trage die Scheitelpunkte aus a) in das Koordinatensystem ein und verbinde die Scheitelpunkte zum Zehneck $S_1S_2 \ldots S_{10}$.

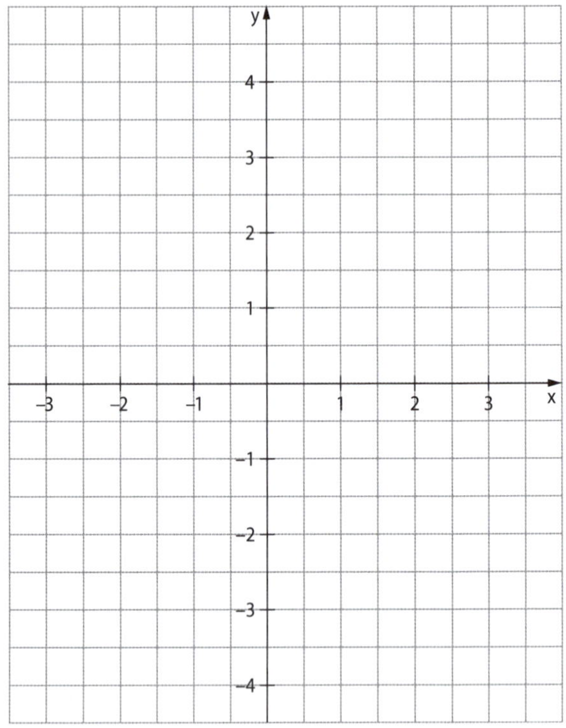

c) Miss die Länge des Umfangs des Zehnecks.

d) Begründe, dass man nur vier Streckenlängen kennen muss, um die Länge des Umfangs des Zehnecks zu bestimmen.

2 Kreuze die Funktionen an, bei denen der Scheitelpunkt korrekt angegeben ist.

a) ☐ $f(x) = x^2 + 3x - 4$
S (–1,5 | –6,5)

b) ☐ $f(x) = x^2 - 4x + 2$
S (2 | –2)

c) ☐ $f(x) = x^2 - x + 1$
$S\left(\frac{1}{2} \middle| \frac{3}{4}\right)$

d) ☐ $f(x) = x^2 + 9x + 10$
S (–4,5 | –10)

e) ☐ $f(x) = x^2 - 4x + 5$
S (2 | 1)

f) ☐ $f(x) = x^2 - 2x + 1$
S (1 | 0)

g) ☐ $f(x) = x^2 + 6x - 2{,}5$
S (–3 | –10,5)

h) ☐ $f(x) = x^2 - 4x + 2{,}5$
S (2 | –1,5)

3 Von zwei nach oben geöffneten Normalparabeln ist jeweils der Scheitelpunkt S bekannt. Bestimme die zugehörige Funktionsgleichung in der Normalform.

a) S (–4 | 3)

b) S (3 | –4)

1 Gib die Eigenschaften der dargestellten Funktionen an. Vervollständige dazu die Tabelle.

Eigenschaft	a)	b)
Scheitelpunkt		
Definitionsbereich		
Wertebereich		
Monotonie		
Nullstellen		
Schnittpunkt mit der y-Achse		
Symmetrie		

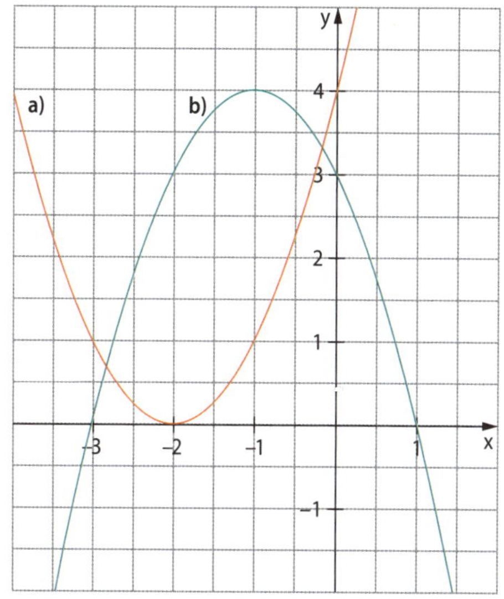

2 Gegeben ist eine Funktion mit der Gleichung $f(x) = -x^2 - 2x + 2$.
Vervollständige die Wertetabelle und zeichne den Graphen.
Nenne mindestens drei Eigenschaften dieser Funktion.

x	−3	−2	−1	0	1
f(x)					

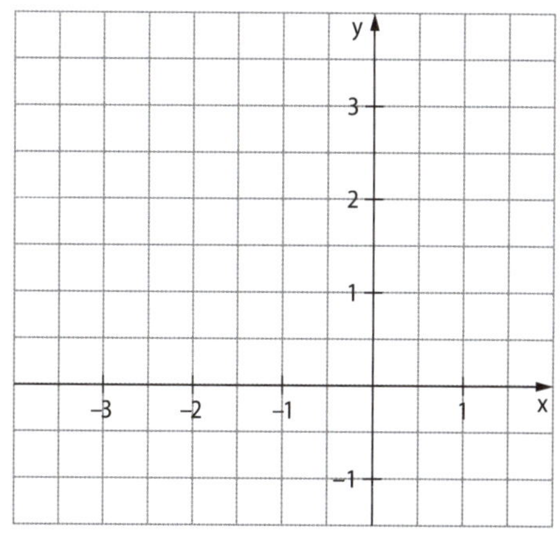

3 Kreuze jeweils die richtigen Aussagen an.

a) Der Scheitelpunkt des Graphen der Funktion $f(x) = x^2 - 2$ liegt bei …
☐ (0 | 2). ☐ (2 | 0). ☐ (−2 | 0). ☐ (−2 | 0). ☐ (0 | −2).

b) Eine Nullstelle der Funktion $f(x) = x^2 - 4$ liegt bei …
☐ x = 4. ☐ x = 2. ☐ x = −2. ☐ x = 0. ☐ x = −4.

c) Der Scheitelpunkt des Graphen der Funktion $f(x) = x^2 - 2x + 4$ liegt bei …
☐ (−1 | 7). ☐ (1 | −3). ☐ (2 | 4). ☐ (1 | 3). ☐ (4 | 10).

4 Entscheide, ob die Aussagen richtig oder falsch sind.

		richtig	falsch
a)	Der Graph von $f(x) = -0{,}3x^2 - 2$ ist eine nach unten geöffnete Parabel.	☐	☐
b)	Die Funktion $f(x) = 1{,}5x^2 + 1$ hat den Scheitelpunkt S (0 | 1,5).	☐	☐
c)	Der Graph der Funktion $f(x) = -1{,}5x^2 - 1$ ist für $x < 0$ monoton steigend.	☐	☐
d)	Alle verschobenen Normalparabeln sind achsensymmetrisch zur y-Achse.	☐	☐

5

> Behauptung: Wenn man die Nullstellen einer Parabel kennt, dann kennt man den Scheitelpunkt und die zugehörige Funktionsgleichung.

a) Widerlege die Behauptung, indem du in das Koordinatensystem verschiedene Parabeln einzeichnest, die die Nullstellen –2 und 3 haben.

b) Beschreibe die Lage aller Scheitelpunkte deiner Parabeln aus a).

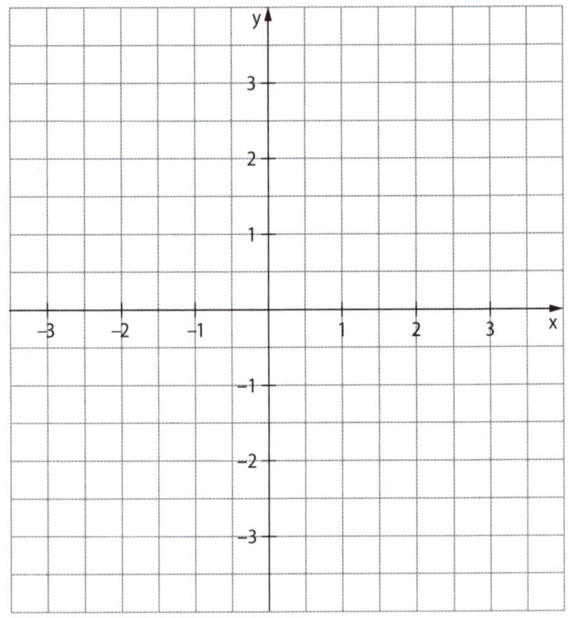

6 a) Bestimme den größten Wert, den die gegebene Funktion annehmen kann ($\mathbb{D} = \mathbb{R}$).

1. $f(x) = -1{,}5x^2 + 3$
2. $f(x) = -(x-2)^2 + 2$
3. $f(x) = -\frac{1}{3}x^2 + 4x + 2$
4. $f(x) = -(x+1{,}5)^2 - 2$

b) Bestimme den kleinsten Wert, den die gegebene Funktion annehmen kann ($\mathbb{D} = \mathbb{R}$).

1. $f(x) = (x+3)^2 + 5$
2. $f(x) = 2x^2 - 5$
3. $f(x) = \frac{1}{4}\left(x + \frac{1}{2}\right)^2 + \frac{3}{4}$
4. $f(x) = 2{,}5x^2 + 3x - 3$

7 a) Trage in das Koordinatensystem das Quadrat RUDI mit R (–2 | 0), U (2 | 0), D (2 | 4) und I (–2 | 4) ein.

b) Zeichne anhand der Beschreibungen von Moni, Manu und Misu die zugehörigen Parabeln ein und bestimme die Funktionsgleichungen.

1. Moni: Meine Parabel hat den Mittelpunkt von UD als Scheitelpunkt und verläuft durch R.

   Funktionsgleichung: f(x) = –

2. Manu: Meine Parabel verläuft durch die Mittelpunkte von $\overline{RD}$ und $\overline{UD}$ und berührt die x-Achse.

   Funktionsgleichung: ______

3. Misu: Meine Parabel ist eine verschobene Normalparabel, die nach unten geöffnet ist und den Diagonalenschnittpunkt des Quadrats RUDI als Scheitelpunkt besitzt.

   Funktionsgleichung: ______

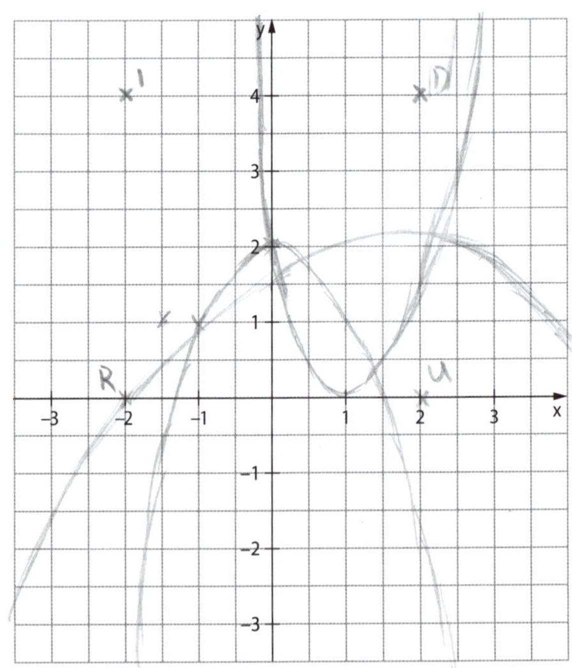

1 Für den freien Fall im luftleeren Raum gilt die Formel $s(t) = \frac{1}{2} \cdot g \cdot t^2$ (Fallbeschleunigung: $g \approx 10\,\frac{m}{s^2}$; Weg: s in m; Zeit: t in s).

a) Setze den Wert für g in die Formel ein. Zur Vereinfachung kannst du die Einheiten weglassen.

$s(t) =$

b) Setze für die Zeit t folgende Werte ein und berechne die Fallstrecke s.

t in s	0	1	2	3	4	5
s in m						

c) Zeichne den Funktionsgraphen in das Koordinatensystem.

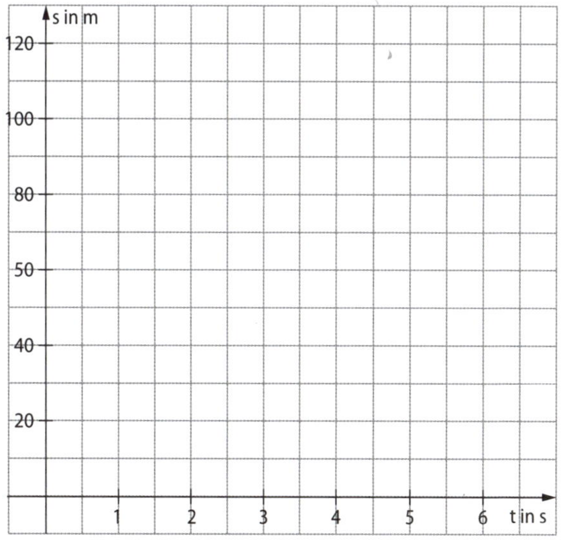

d) Berechne die Länge der Strecke, die ein Körper in 10 s zurücklegt.

e) Berechne die Zeit, die ein Körper im freien Fall für 200 m braucht.

f) Bei e) erhältst du mathematisch zwei Lösungen. Begründe, warum nur eine dieser Lösungen richtig ist.

2 Eine Flugbahn beim Kugelstoßen wird durch die Gleichung $s(x) = -0{,}04x^2 + 0{,}8x + 1{,}95$ beschrieben.
Dabei gilt:
x: horizontaler Abstand der Kugel in m vom Abwurfpunkt
s: Höhe der Kugel in m über dem Boden

a) Welche Bedeutung hat $s(0)$?

b) Ermittle die Wurfweite der Kugel.

c) Bestimme die aktuelle Höhe der Kugel für $x = 2{,}5$ m.

I. Die Normalparabel und ihre Eigenschaften anwenden

✓

1 Entscheide, ob die Punkte auf den Graphen der Funktionen f_1 oder f_2 liegen. Kreuze gegebenenfalls an.

	T (−3 | 9)	A (25 | −5)	C (−1 | 1)	M $(-\sqrt{5}\,\|\,5)$	L (0,4 | −0,16)
$f_1(x) = x^2$					
$f_2(x) = -x^2$					

2 a) Kreuze die richtigen Aussagen zur Parabel mit $f(x) = -x^2$ an.

- ☐ Der Scheitelpunkt hat von allen Punkten der Parabel die höchste y-Koordinate.
- ☐ Die Parabel hat keine positiven Funktionswerte.
- ☐ Die Parabel hat eine einzige Nullstelle.
- ☐ Die Parabel ist punktsymmetrisch zum Scheitelpunkt.
- ☐ Der Scheitelpunkt liegt bei (0 | 0).
- ☐ Die Parabel verläuft symmetrisch zur x-Achse.

b) Die Punkte M und N liegen auf der Parabel mit $f(x) = x^2$.
Bestimme rechnerisch die fehlenden Koordinaten.

$x = 2\sqrt{3}$ in $y = x^2$ y = 12,25 in $y = x^2$

y = (______)² ______ = x²

y = ______ x_1 = ______ ; x_2 = ______

M $(2\sqrt{3}\,|$ ______) N (______ | 12,25) oder ______

II. Veränderungen der Normalparabel bestimmen

✓

3 Die Punkte Q liegen auf Parabeln der Form $f(x) = ax^2$ ($a \in \mathbb{R} \setminus \{0\}$). Berechne (im Kopf oder auf einem Extrablatt) den Wert des Parameters a und gib die Parabelgleichung an.

a) Q (3|−9): f(x) = ____ x² Q (−2|6): f(x) = ____ Q (−3|−63): f(x) = ____

b) Q (6|12): f(x) = ____ Q (10|−80): f(x) = ____ Q (−2|1,5): f(x) = ____

4 Bestimme die fehlenden Scheitelkoordinaten, Koeffizienten a bzw. Parabelgleichungen.
Entscheide dann, wie viele Nullstellen die Parabel besitzt.

		Scheitelpunkt	a =	Der Scheitelpunkt liegt … der x-Achse.	Anzahl der Nullstellen
a)	$f(x) = -0{,}2 \cdot (x+3)^2 + 7$	S (__ | __)		☐ über ☐ unter ☐ auf	☐ 0 ☐ 1 ☐ 2
b)	$f(x) = 4 \cdot (x-8)^2 + 1$			☐ über ☐ unter ☐ auf	☐ 0 ☐ 1 ☐ 2
c)	f(x) =	S (−2 | 0)	−5	☐ über ☐ unter ☐ auf	☐ 0 ☐ 1 ☐ 2
d)	f(x) = (x − ___)² − ___	S (4 | −6)		☐ über ☐ unter ☐ auf	☐ 0 ☐ 1 ☐ 2

5 Gib zu jeder Funktionsgleichung die Koordinaten des Scheitelpunktes S an und ordne die passenden Graphen zu.

$f(x) = (x + 1)^2 - 2$	$f(x) = (x + 1)^2 + 2$	$f(x) = (x - 1)^2 - 2$	$f(x) = (x + 2)^2 - 1$
S (____|____)	S (____|____)	S (____|____)	S (____|____)

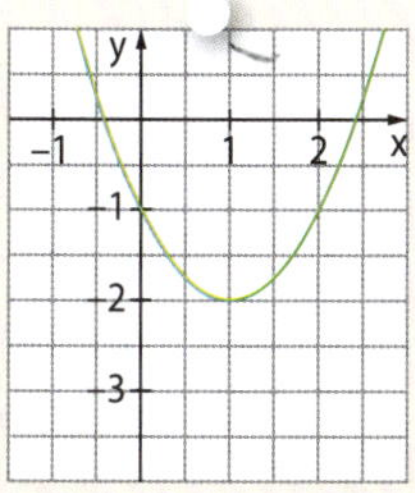

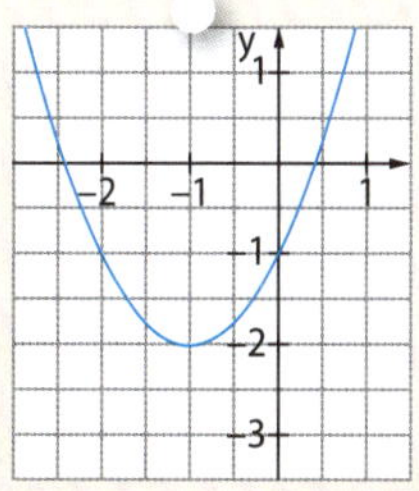

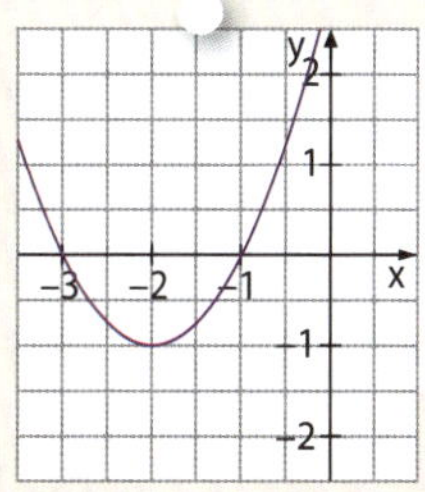

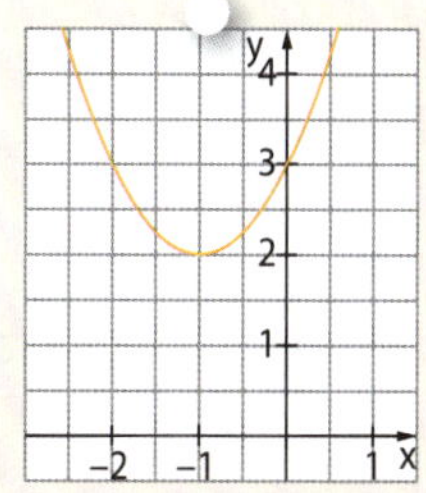

III. Scheitelpunktform und Normalform einer Parabel bestimmen und nutzen

6 Ermittle die Scheitelpunktform und den Scheitelpunkt der Funktionen. Ordne anschließend den Funktionsgleichungen ihren Graphen zu.

$f(x) = x^2 + 3x + 1{,}25$

= ____________________

S (________|________)

$f(x) = x^2 - 3x - 3{,}25$

= ____________________

S (________|________)

$f(x) = x^2 - 2x + 3$

= ____________________

S (________|________)

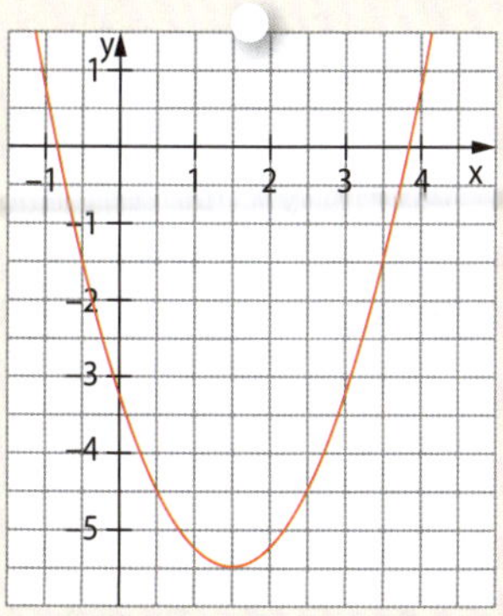

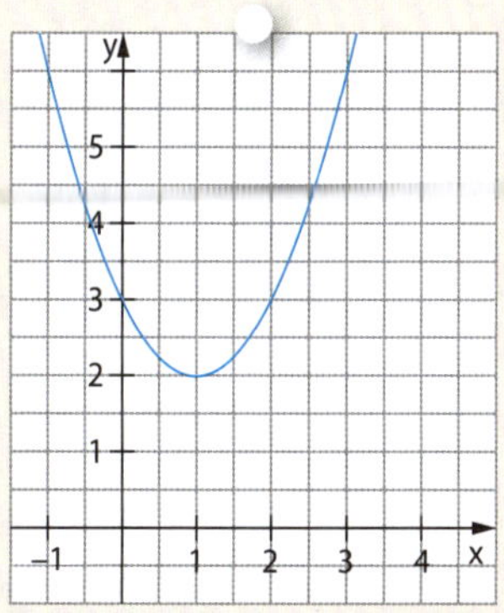

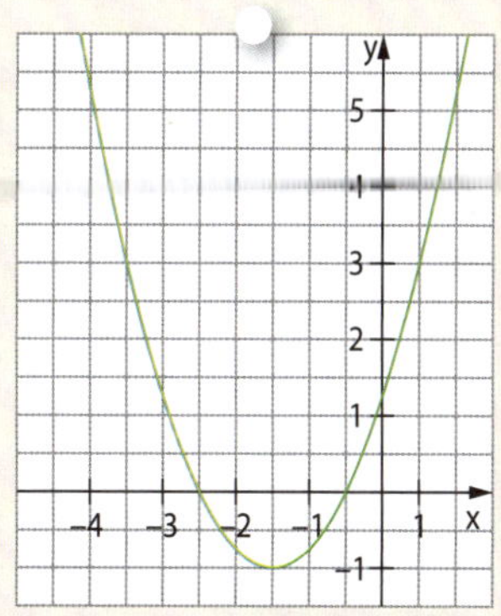

Teil	Ich kann bei einfachen Aufgaben …	Aufgaben	Kreuze an. 0–2	3–4	5–6
I.	die Normalparabel und ihre Eigenschaft anwenden.	1, 2	☹	😐	☺
II.	Veränderungen der Normalparabel bestimmen.	3, 4, 5	☹	😐	☺
III.	Scheitelpunktform und Normalform einer Parabel bestimmen und nutzen.	6	☹	😐	☺

Quadratische Gleichungen der Form $x^2 + q = 0$

1 Kreuze die Anzahl der Lösungen der quadratischen Gleichungen an.

		eine Lösung	keine Lösung	zwei Lösungen
a)	$x^2 = 5$	☐	☐	☐
b)	$x^2 = -4$	☐	☐	☐
c)	$x^2 = 0$	☐	☐	☐
d)	$x^2 - 2 = 7$	☐	☐	☐
e)	$x^2 + 7 = -2$	☐	☐	☐
f)	$x^2 + 6 = 6$	☐	☐	☐

2 Löse die quadratischen Gleichungen grafisch. Forme zunächst die Gleichung um.

a) $x^2 + 2 = 4{,}25$ $\quad x^2 =$

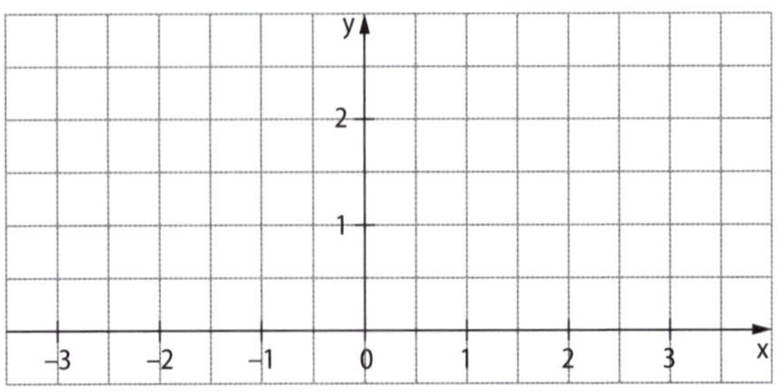

$x_1 =$ $\qquad x_2 =$

b) $0{,}5x^2 - 2 = -1$ $\quad x^2 =$

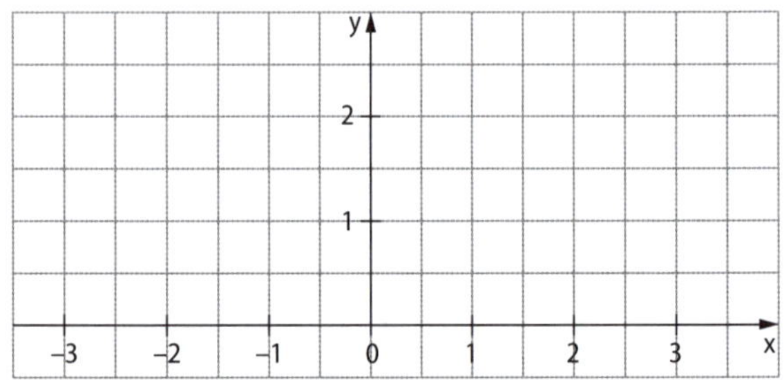

$x_1 \approx$ $\qquad x_2 \approx$

3 Gerd hat die beiden quadratischen Gleichungen gelöst. Finde alle Fehler und korrigiere sie.

a)

$$
\begin{aligned}
10x^2 + 48 &= 15x^2 + 28 && \mid -10x^2 \\
48 &= 5x^2 + 28 && \mid -28 \\
20 &= 5x^2 && \mid :5 \\
100 &= x^2 \\
\pm 10 &= x
\end{aligned}
$$

b)

$$
\begin{aligned}
(5x + 2) \cdot (6x - 2) &= 2x + 26 \\
30x^2 - 10x + 12x + 4 &= 2x + 26 \\
30x^2 + 2x + 4 &= 2x + 26 && \mid -4 \\
30x^2 + 2x &= 2x + 30 && \mid -2x \\
30x^2 &= 30 \\
x &= 1
\end{aligned}
$$

4 Ein Schulhof ist dreimal so lang wie breit. Der Flächeninhalt beträgt 972 m². Berechne die Maße des Schulhofs. Skizziere zunächst den Sachverhalt.

1 a) Vervollständige den Satz:
Ein Produkt ist dann null, wenn mindestens ein ________ den Wert ________ hat.

b) Kreuze die Lösungen der quadratischen Gleichungen an und notiere die Lösungsmenge im Bereich der reellen Zahlen.

1	$(x-7)\cdot x = 0$	☐ $x = -7$	☐ $x = 0$	☐ $x = 7$	☐ $x = \sqrt{7}$	$\mathbb{L}$ = ________
2	$(3{,}5 + x)\cdot(x - 2{,}8) = 0$	☐ $x = 2{,}8$	☐ $x = 3{,}5$	☐ $x = 0$	☐ $x = -3{,}5$	$\mathbb{L}$ = ________
3	$(x+8)^2 = 0$	☐ $x = 0$	☐ $x = -8$	☐ $x = 8^2$	☐ $x = 8$	$\mathbb{L}$ = ________

c) Faktorisiere den Linksterm (durch Ausklammern, Anwendung der binomischen Formeln bzw. des Satzes von Vieta). Lies dann die Lösung(en) im Bereich der reellen Zahlen ab.

	Gleichung	faktorisiert	Lösung(en)	Lösungsmenge
a)	$x^2 + 11x = 0$	$x \cdot ($ ____ $+$ ____ $) = 0$	$x_1 =$ ____ , $x_2 =$ ____	$\mathbb{L}$ = ________
b)	$y^2 - 9y + 20{,}25 = 0$	$($ ________ $)^2 = 0$		$\mathbb{L}$ = ________
c)	$z^2 - z - 30 = 0$	$($ ____ $)\cdot($ ____ $) = 0$		$\mathbb{L}$ = ________

2 Bringe die quadratische Gleichung zuerst auf die Form $(x + d)^2 = e$ und bestimme dann die Lösungsmenge mithilfe von quadratischer Ergänzung.

a) $x^2 - 8x + 14 = -2x + 3$

________ $= 0$

$x^2 - 6x +$ ____ $-$ ____ $+ 11 = 0$

$($ ____ $)$ ________ $= 0 \mid -2$

________ $=$ ________

$e < 0 \Rightarrow \mathbb{L} =$ ________

b) $-0{,}2x^2 - 0{,}8x + 4{,}2 = 0 \quad | : (-0{,}2)$

____

________ ________ ________ $= 0$

$($ ____ $)$ ____ $= 0 \quad | + 25$

________ $\quad | \sqrt{\ }$

$=$ ____

$x_1 =$ ____ , $x_2 =$ ____ $\Rightarrow \mathbb{L} =$ ________

3 Bringe die quadratische Gleichung (gegebenenfalls auf einem Extrablatt) auf Normalform. Zeichne dann die zugehörige quadratische Funktion und bestimme die Lösungsmenge durch Ablesen der Nullstellen.

$0{,}25 \cdot (5 - 12x^2) = -x \cdot (3{,}25x - 1{,}5)$

Normalform:

____

zugehörige Funktion:

____

Nullstellen:

____

Lösungsmenge:

____

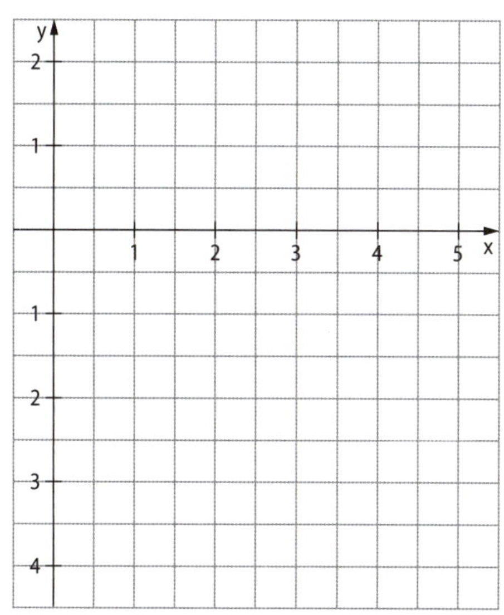

1 Ordne die Lösungsformel den entsprechenden Gleichungen zu. Löse anschließend die Gleichung ($\mathbb{D} = \mathbb{R}$).

a) $x^2 + 2x - 1 = 0$ **b)** $x^2 - 2x + 1 = 0$ **c)** $x^2 - 1x - 2 = 0$ **d)** $x^2 + 1x - 2 = 0$

$x_{1/2} = \frac{1}{2} \pm \sqrt{\left(\frac{-1}{2}\right)^2 + 2}$ $x_{1/2} = -\frac{2}{2} \pm \sqrt{\left(\frac{2}{2}\right)^2 + 1}$ $x_{1/2} = \frac{2}{2} \pm \sqrt{\left(\frac{-2}{2}\right)^2 - 1}$ $x_{1/2} = -\frac{1}{2} \pm \sqrt{\left(\frac{1}{2}\right)^2 + 2}$

$\mathbb{L} =$ $\mathbb{L} =$ $\mathbb{L} =$ $\mathbb{L} =$

2 Ordne die Rechenschritte der Rechnung zu ($\mathbb{D} = \mathbb{R}$).

- Lösungsformel vereinfachen
- p und q identifizieren
- Ordnen und Zusammenfassen
- Lösen durch Fallunterscheidung
- Gleichung auf Normalform bringen
- p, q in Lösungsformel einsetzen
- Lösungsmenge angeben

$3x^2 + 4x - 8 = x^2 - 2x \quad | -x^2 + 2x$

$2x^2 + 6x - 8 = 0 \quad | :2$

$x^2 + 3x - 4 = 0$

$p = 3; q = -4$

$x_{1/2} = -\frac{3}{2} \pm \sqrt{\left(\frac{3}{2}\right)^2 - (-4)}$

$x_{1/2} = -\frac{3}{2} \pm \sqrt{\frac{25}{4}}$

$x_1 = -\frac{3}{2} - \frac{5}{2} = -\frac{8}{2} = -4;$

$x_2 = -\frac{3}{2} + \frac{5}{2} = \frac{2}{2} = 1$

$\mathbb{L} = \{-4; 1\}$

3 Bestimme die zugehörige quadratische Gleichung, wenn die Lösungsformel aufgestellt wurde.

a) $x_{1/2} = -\frac{3}{2} \pm \sqrt{\left(\frac{3}{2}\right)^2 + 5}$ x_2 ____ x ____ = 0

b) $x_{1/2} = 2 \pm \sqrt{(2)^2 - \frac{3}{2}}$ x_2 ____ x ____ = 0

c) $x_{1/2} = -\frac{1}{3} \pm \sqrt{\left(\frac{1}{3}\right)^2 + 0{,}5}$ x_2 ____ x ____ = 0

4 Berechne die Diskriminante der Gleichung und entscheide über die Anzahl der Lösungen.
Bestimme anschließend die Lösungsmenge ($\mathbb{D} = \mathbb{R}$).

a) $x^2 - 6x + 9 = 0$	**b)** $x^2 - 6x + 12 = 0$	**c)** $\frac{1}{4}x^2 - 6x + 5 = 0$
☐ keine Lösung ☐ eine Lösung ☐ zwei Lösungen	☐ keine Lösung ☐ eine Lösung ☐ zwei Lösungen	☐ keine Lösung ☐ eine Lösung ☐ zwei Lösungen
Bestimmung von $\mathbb{L}$:	Bestimmung von $\mathbb{L}$:	Bestimmung von $\mathbb{L}$:

5 Ordne die richtigen Karten einander zu.

$x^2 + 9x + 18 = 0$ | $4x^2 - 5x + 2 = 0$ | $0{,}5x^2 + x - 40 = 0$ | $\frac{1}{4}x^2 - x + 1 = 0$

$D = -\frac{7}{64}$ | $D = 81$ | $D = \frac{9}{4}$ | $D = 0$

$\mathbb{L} = \{-6; -3\}$ | $\mathbb{L} = \{2\}$ | $\mathbb{L} = \{\}$ | $\mathbb{L} = \{-10; 8\}$

6 **a)** Bestimme für die Gleichung $x^2 - 4x + q = 0$ die Diskriminante D: D =

b) Bestimme alle Werte für q so, dass die Gleichung $x^2 - 4x + q = 0$ …

1 keine Lösung hat.	**2** eine Lösung hat.	**3** zwei Lösungen hat.

1 Ordne den Wurzelgleichungen die passende Definitionsmenge zu.

$5\sqrt{x} = 4$ $\sqrt{3x - 4{,}5} + 2 = 10$ $\sqrt{9 - 2x} = \sqrt{8x}$ $-7\sqrt{x - 5} = 4 - \sqrt{0{,}5x + 2}$

$\mathbb{D} = [0; 4{,}5]$ $\mathbb{D} = \mathbb{R}_0^+$ $\mathbb{D} = \{x \mid x \geq 1{,}5\}$ $\mathbb{D} =]-4; 5[$

$\mathbb{D} = [3; 4{,}5]$ $\mathbb{D} = \{x \mid x \geq 5\}$ $\mathbb{D} = \{x \mid x < 0\}$

2 Hier stimmt doch was nicht. Markiere die Fehler und verbessere anschließend.

$\sqrt{x + 2} + 11 = 4 \quad |-11 \qquad \mathbb{D} = \{x \mid x > -2\}$

$\sqrt{x + 2} = -7 \quad |^2$

$x + 2 = 49 \quad |-2$

$x = 47$

$\mathbb{L} = \{47\}$

3 Ermittle die Definitions- und Lösungsmenge im Bereich der reellen Zahlen. Mache die Probe auf einem Extrablatt.

a) $\sqrt{x - 4{,}5} = 3 \quad |^2$	b) $\sqrt{x^2 - 5} = 2 \quad |^2$	c) $\sqrt{x + 6} = \sqrt{6x - 15} \quad |^2$
$\mathbb{D} =$	$\mathbb{D} =$	$\mathbb{D} =$
Rechnung:	Rechnung:	Rechnung:
Probe durchgeführt: ☐ ja	Probe durchgeführt: ☐ ja	Probe durchgeführt: ☐ ja
$\mathbb{L} =$	$\mathbb{L} =$	$\mathbb{L} =$

4 Löse die Wurzelgleichung im Bereich der reellen Zahlen und mache die Probe.

$\sqrt{5x + 1} + 2x = 20 \quad |-2x \qquad \mathbb{D} =$

$|^2 \qquad x_{1/2} =$

$x_1 = \quad , x_2 =$

$|:4 \qquad$ Probe:

$p = \quad q =$

$D = \qquad \mathbb{L} =$

1 Ordne den Graphen das Gleichungssystem und dessen Lösungsmenge zu.

$f(x) = 2x^2 - 8x + 8{,}5$ $g(x) = -x + 2$	$f(x) = x^2 - 2x$ $g(x) = -x + 2$	$f_1(x) = x^2 - 3x + 2{,}25$ $f_2(x) = -1{,}5\,(x - 1{,}5)^2 + 2{,}5$	$f_1(x) = x^2 - 5x + 6{,}25$ $f_2(x) = -x^2 + x + 1{,}75$

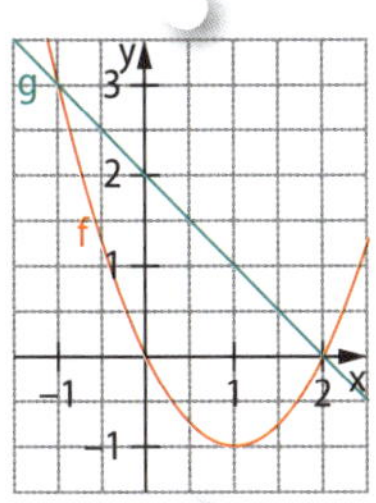

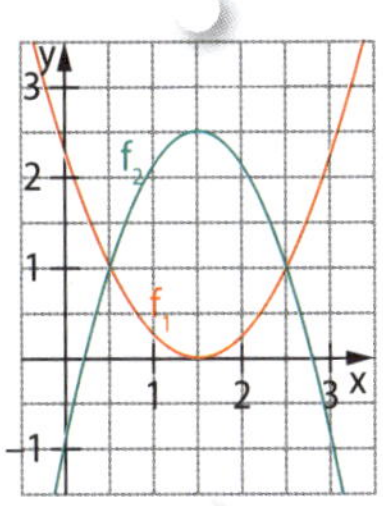

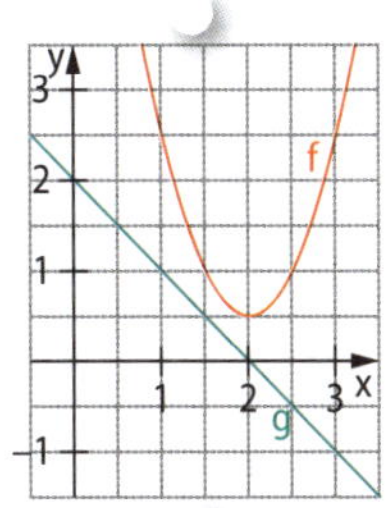

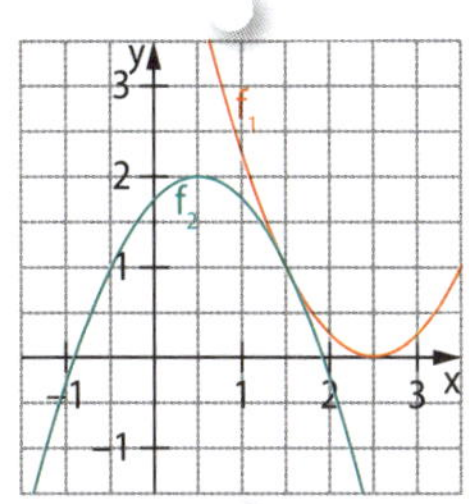

$\mathbb{L} = \{(0\,|\,0); (2\,|\,0)\}$	$\mathbb{L} = \{(0{,}5\,|\,1); (2{,}5\,|\,1)\}$	$\mathbb{L} = \{(-1\,|\,3); (2\,|\,0)\}$	$\mathbb{L} = \{(1{,}5\,|\,1)\}$	$\mathbb{L} = \{\}$

2 **a)** Die x-Koordinaten der Schnittpunkte zweier Parabeln (bzw. einer Geraden und einer Parabel) sollen berechnet werden. In welcher Reihenfolge müssen die Schritte ausgeführt werden? Nummeriere mit den Ziffern 1 bis 6.

☐ Diskriminante berechnen	☐ quadratische Gleichung in Nomalform
☐ Lösungsmenge angeben	*1* Gleichungssysteme aufstellen
☐ Funktionsgleichungen gleichsetzen	☐ Lösungsformel anwenden

b) Ergänze die Schritte 2 bis 6 aus Teilaufgabe a). Nutze gegebenenfalls ein Extrablatt.

1	
1	$g(x) = -x - 1{,}5$ $f(x) = -x^2 - 2x + 4{,}5$
2	
3	
4	
5	
6	

2	
1	$f_1(x) = -0{,}5x^2 - x + 3$ $f_2(x) = 1{,}5x^2 + 5x - 5$
2	
3	
4	
5	
6	

c) Kreuze die richtige Aussage an.
Eine Gerade und eine Parabel schneiden sich in den x-Werten x_1 und x_2. Wenn man die y-Koordinaten der Schnittpunkte berechnen soll, …

- ☐ muss man x_1 in die Geradengleichung und x_2 in die Parabelgleichung einsetzen.
- ☐ muss man x_1 und x_2 in dieselbe Funktionsgleichung einsetzen.
- ☐ kann man frei wählen, in welche Funktionsgleichung man x_1 bzw. x_2 einsetzen will.

3 Das kann ich!

I. Quadratische Gleichungen ohne Hilfsmittel lösen

1 Kreuze die Lösungen der quadratischen Gleichung an.

a)	$x^2 - 9 = 0$	☐ $x = -9$	☐ $= -3$	☐ $x = 0$	☐ $x = 3$	☐ $x = 9$
b)	$(x - 4) \cdot (x - 5) = 0$	☐ $x = -5$	☐ $x = -4$	☐ $x = 0$	☐ $x = 4$	☐ $x = 5$
c)	$x \cdot \left(x - \frac{1}{2}\right) = 0$	☐ $x = -2$	☐ $x = -\frac{1}{2}$	☐ $x = 0$	☐ $x = \frac{1}{2}$	☐ $x = 2$
d)	$0 = (1 - 4x) \cdot x$	☐ $x = -4$	☐ $x = -\frac{1}{4}$	☐ $x = 0$	☐ $x = 0{,}25$	☐ $x = 1$
e)	$x^2 - 2{,}25 = 0$	☐ $x = -2{,}25$	☐ $x = -1{,}5$	☐ $x = 0$	☐ $x = 1{,}5$	☐ $x = 2{,}25$
f)	$x^2 - 2x + 1 = 0$	☐ $x = -2$	☐ $x = -1$	☐ $x = 0$	☐ $x = 1$	☐ $x = 2$

2 Bestimme die Lösungsmenge der quadratischen Gleichung ($\mathbb{D} = \mathbb{R}$). Die Ergebnisse ergeben der Reihe nach ein englisches Lösungswort.

a)	$x^2 - 25 = 0$	$\mathbb{L} =$
b)	$x^2 - 9x = 0$	$\mathbb{L} =$
c)	$100x^2 - 1 = 0$	$\mathbb{L} =$
d)	$(3x - 1) \cdot (4x + 4) = 0$	$\mathbb{L} =$
e)	$x^2 + 10x = -25$	$\mathbb{L} =$
f)	$2x^2 - 288 = 0$	$\mathbb{L} =$
g)	$3x^2 - 12x = 3x$	$\mathbb{L} =$
h)	$x^2 + 4x = 2 \cdot (2x + 1) + x^2$	$\mathbb{L} =$

- **O** $\mathbb{L} = \{0; 5\}$
- **T** $\mathbb{L} = \{-5\}$
- **E** $\mathbb{L} = \{-5; 5\}$
- **N** $\mathbb{L} = \{\,\}$
- **I** $\mathbb{L} = \{-12; 12\}$
- **A** $\mathbb{L} = \left\{-1; \frac{1}{3}\right\}$
- **Q** $\mathbb{L} = \{0; 9\}$
- **U** $\mathbb{L} = \{-0{,}1; 0{,}1\}$

Lösungswort: ___ ___ ___ ___ ___ ___ ___ ___

II. Quadratische Gleichungen mit der Lösungsformel lösen

3 Hier haben sich doch Fehler beim Lösen mit der Lösungsformel eingeschlichen. Markiere die Fehler und verbessere die Anwendung der Lösungsformel ($\mathbb{D} = \mathbb{R}$).

a) $x^2 - 3x + 2 = 0$	b) $x^2 - 2{,}5x - 2{,}1 = 0{,}9$
$p = -3; q = 2$ $x_{1/2} = -\frac{3}{2} \pm \sqrt{\left(\frac{-3}{2}\right)^2 - 2}$	$p = 2{,}5; q = -2{,}1$ $x_{1/2} = -\frac{2{,}5}{2} \pm \sqrt{\left(\frac{2{,}5}{2}\right)^2 + 2{,}1}$
Verbesserung: p = ___ ; q = ___ $x_{1/2} =$ ___	Verbesserung: p = ___ ; q = ___ $x_{1/2} =$ ___

4 Bestimme die Lösungsmenge der Gleichung ($\mathbb{D} = \mathbb{R}$). Beschreibe dein Vorgehen.

$(x - 3) \cdot (x^2 - 4x + 1) = 0$

III. Systeme mit quadratischen Gleichungen auf verschiedene Arten lösen

5 Bestimme die gemeinsamen Punkte der Parabel und der Geraden grafisch und rechnerisch.

a) $f(x) = x^2$
$g(x) = 0{,}5x + 3$

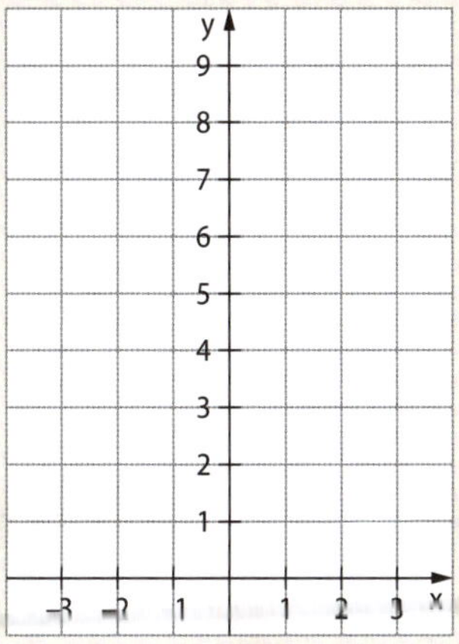

b) $f(x) = x^2 - 4$
$g(x) = x + 2$

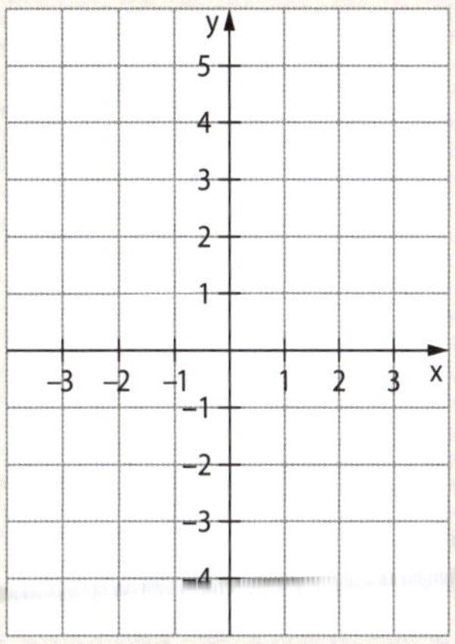

$S_1(\ \ |\ \ ), S_2(\ \ |\ \ )$ $S_1(\ \ |\ \ ), S_2(\ \ |\ \ )$

Teil	Ich kann bei einfachen Aufgaben ...	Aufgaben	Kreuze an. 0–2	3–4	5–6
I.	quadratische Gleichungen ohne Hilfsmittel lösen.	1, 2	☹	😐	☺
II.	quadratische Gleichungen mit der Lösungsformel lösen.	3, 4	☹	😐	☺
III.	Systeme mit quadratischen Gleichungen auf verschiedene Arten lösen.	5	☹	😐	☺

1 Berechne die fehlenden Größen.

	a)	b)	c)	d)	e)
r	25 cm			5,2 km	
d		0,72 dm			2,40 mm
α	210°		355°		
b		1,90 dm			
A_{Sektor}			151,8 m^2		0,16 mm^2
u_{Sektor}				27,6 km	

2 Eine Auto-Teststrecke setzt sich aus Strecken und Kreisbögen zusammen. Die Maße sind im Plan angegeben. Berechne die Länge der Teststrecke.

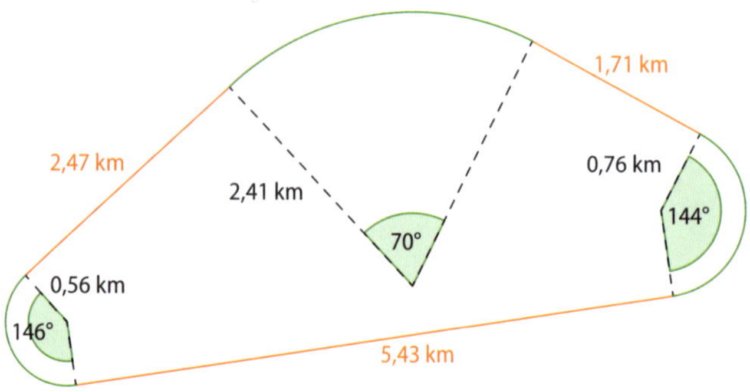

$b_1 =$

$b_2 =$

$b_3 =$

$l_{ges} = b_1 +$

3 Beim Verkehrsschild „Verbot für Fahrzeuge aller Art" ist die Fläche in zwei weiße und eine rote Fläche unterteilt.
Die schwarze Randeinfassung kann hier vernachlässigt werden.
Berechne den prozentualen Anteil der roten Fläche an der Gesamtfläche.
Runde alle Flächeninhalte auf ganze cm^2.

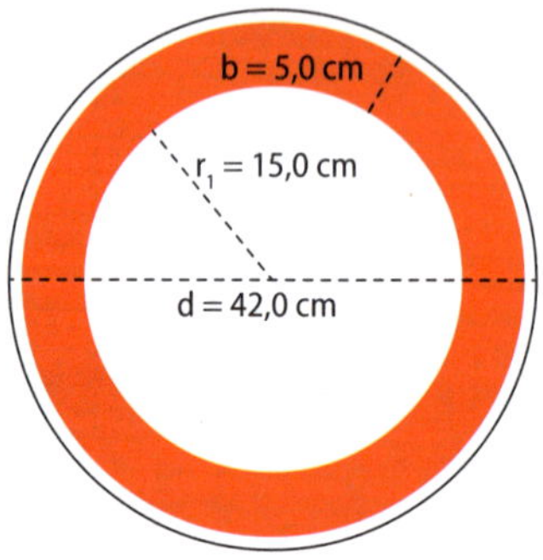

kleiner Kreis:

Ring rot: $A_R = A_2 -$

$r_2 =$ + =

$A_2 =$

$A_R =$

Gesamtfläche: $A_{ges} =$

Prozentualer Anteil:

1 Berechne das Volumen der kugelförmigen Gegenstände. Runde auf eine Dezimalstelle.

a) Murmel | b) Sitzball | c) Eiskugel | d) Zorbing-Ball | e) Gastank

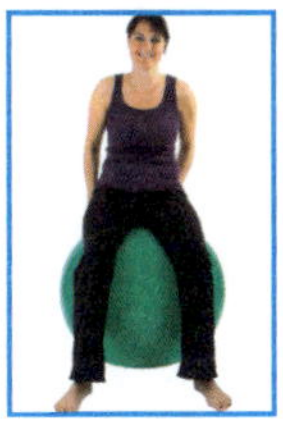

V = ________ mm^3 V = ________ dm^3 V = ________ cm^3 V = ________ m^3 V = ________ m^3

2 Berechne die fehlenden Größen einer Kugel.

	a)	b)	c)	d)	e)	f)
r	3 cm			5,6 m		
d		90 mm				5,4 mm
u			377 dm		3476 km	
V						

3 Bowlingkugeln können unterschiedlich groß und verschieden schwer sein. Ihr Umfang darf jedoch nicht mehr als 27 Zoll betragen (1 Zoll = 2,54 cm).

a) Gib den Radius der größtmöglichen Kugel in Zoll und cm an.

r = ________ Zoll r = ________ cm

b) Wie schwer ist die Bowlingkugel aus a), wenn 1 dm^3 des Kugelmaterials 1,32 kg wiegt? Die Grifflöcher können vernachlässigt werden.

m_{Kugel} = ________ kg

4 Eine Schneekugel hat einen Innendurchmesser von 8,6 cm. Die in der Kugel enthaltene Figur nimmt 18 % des gesamten Innenvolumens ein. Wie viele Milliliter Wasser können eingefüllt werden, damit die Kugel ohne Luftblasen verschlossen werden kann?

V_{Wasser} = ________ ml

Oberflächeninhalt einer Kugel

1 Berechne den Oberflächeninhalt der kugelförmigen Gegenstände. Runde auf eine Dezimalstelle.

a) Weihnachtskugel

← 7 cm →

A_O = ______ cm²

b) Seifenblase

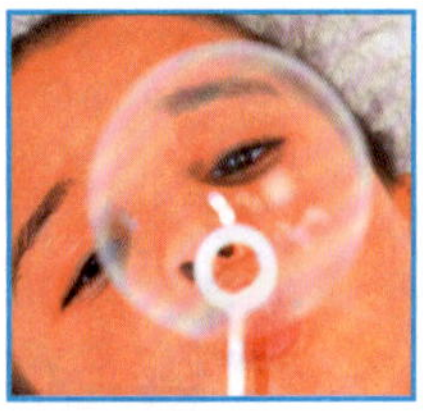

← 5,4 cm →

A_O = ______ cm²

c) Fußball

← 21,8 cm →

A_O = ______ dm²

d) Riesenballon

← 210 cm →

A_O = ______ m²

e) Kuppel

← 26 m →

A_O = ______ m²

2 Berechne die fehlenden Größen der Kugel. Runde gegebenenfalls geeignet.

	a)	b)	c)	d)	e)	f)
r	20 cm				1,5 mm	
d		14 mm				
u			25,12 m			
A_O				1017,88 m²		221,67 dm²
V						

3 Ein Tennisball hat einen Umfang von 21,2 cm, ein Tischtennisball hat einen Durchmesser von 40 mm.

a) Berechne den Inhalt der Oberfläche beider Bälle.

b) Der Oberflächeninhalt des Tischtennisballs beträgt etwa ______ % des Oberflächeninhalts des Tennisballs.

4 Kreuze die richtige Antwort an. Du kannst auch mit dem Radius r = 1 cm ausprobieren.

a)	Wenn sich der Radius einer Kugel verdoppelt, dann …	☐ verdoppelt sich ihr Oberflächeninhalt. ☐ vervierfacht sich ihr Oberflächeninhalt. ☐ verachtfacht sich ihr Oberflächeninhalt.
b)	Wenn sich der Radius einer Kugel verdreifacht, dann …	☐ verdreifacht sich ihr Oberflächeninhalt. ☐ versechsfacht sich ihr Oberflächeninhalt. ☐ verneunfacht sich ihr Oberflächeninhalt.
c)	Wenn sich der Radius einer Kugel verzehnfacht, dann …	☐ verzehnfacht sich ihr Oberflächeninhalt. ☐ verzwanzigfacht sich ihr Oberflächeninhalt. ☐ verhundertfacht sich ihr Oberflächeninhalt.
d)	Wenn sich der Radius einer Kugel verdoppelt, dann …	☐ verdoppelt sich ihr Volumen. ☐ vervierfacht sich ihr Volumen. ☐ verachtfacht sich ihr Volumen.

1 Gib an, aus welchen Teilkörpern die Körper bestehen und berechne dann das gesamte Volumen.

a) Mülleimer

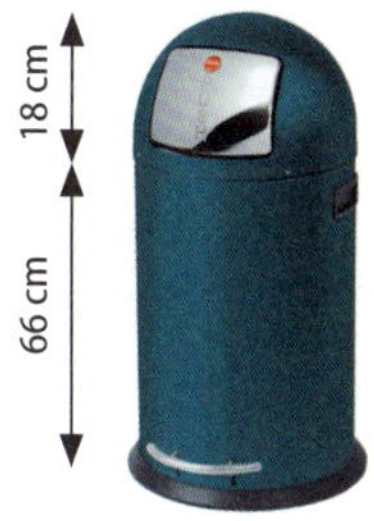

b) Spardose

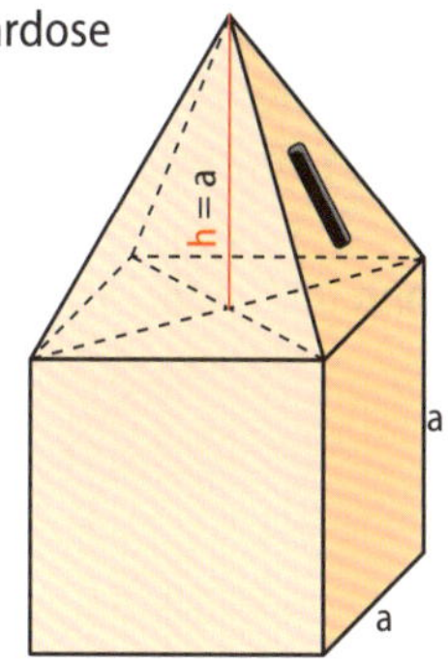

c) Straßenstreuer

a) ______

Volumen:

V = ______ l

b) ______

Volumen:

V = ______ cm³

c) ______

Volumen:

V = ______ l

2 **a)** Gib an, aus welchen geometrischen Körpern sich der abgebildete Kreisel zusammensetzt.

______, ______, ______

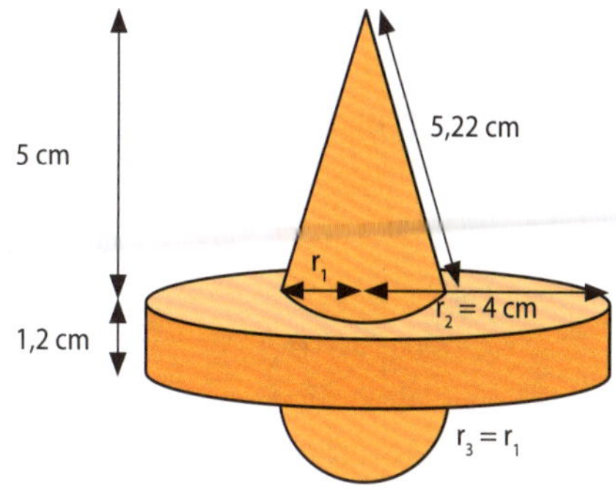

b) Bestimme den Radius r_1.

c) Aus welchen Teilflächen besteht der Oberflächeninhalt des Kreisels?

A_O Kreisel = ______ + ______ + ______ – 2 · ______

d) Berechne den Oberflächeninhalt des Kreisels.

I. Den Flächeninhalt von Kreis und Kreisteilen berechnen

✓

1 Eva, Tim und Lena teilen sich eine Pizza mit einem Durchmesser von 40 cm. Allerdings sind die Stücke nicht gleich groß. Tims Pizzastück hat eine Bogenlänge von 45 cm. Evas Pizzastück hat einen Mittelpunktswinkel von 118°.

a) Beschrifte die Skizzen mit den bekannten Maßen.

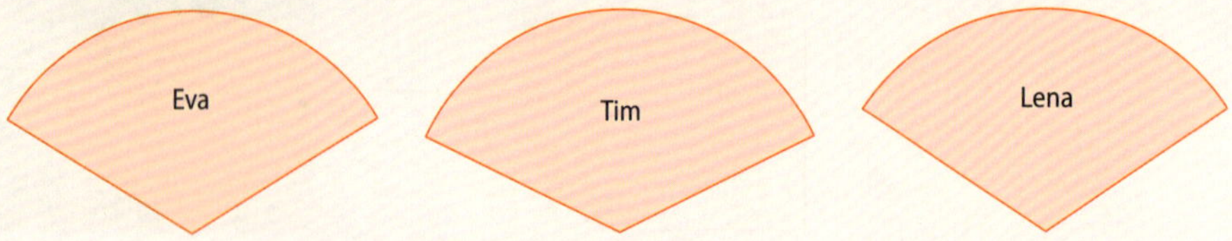

☐

b) Wer hat das größte Stück? Berechne jeweils den Flächeninhalt (auf ganze cm^2 gerundet).

Eva: $A_{Eva} = \frac{\alpha}{360°} \cdot r^2\pi =$ ☐

Tim: $b = \frac{\alpha}{360°} \cdot 2r\pi \Leftrightarrow \alpha = \quad\quad =$ ☐

$A_{Tim} = \frac{\alpha}{360°} \cdot r^2\pi =$

Lena: ganze Pizza: $A_0 =$ ☐

$A_{Lena} =$

2 Ein Leuchtturm hat zwei „Umlaufbalkone". Berechne die Flächeninhalte der Balkone. Bekannt sind folgende Maße:

	Balkondurchmesser	Turmdurchmesser
oberer Balkon:	6,0 m	4,2 m
unterer Balkon:	6,9 m	4,5 m

$A_{oberer\ Balkon} =$ ☐

$A_{unterer\ Balkon} =$ ☐

II. Das Volumen und Oberflächeninhalt einer Kugel berechnen

✓

3 Berechne die fehlenden Größen einer Kugel. Runde geeignet.

	a)	b)	c)	d)
r	1,22 m	43,2 mm		
V_{Kugel}			4673 cm^3	
$A_{O\ Kugel}$				552,6 m^2

☐ ☐

✓

4 Eine Schale mit den angegebenen Maßen hat die dargestellte Form. Bestimme das Volumen für das Material, um die Form zu gießen.

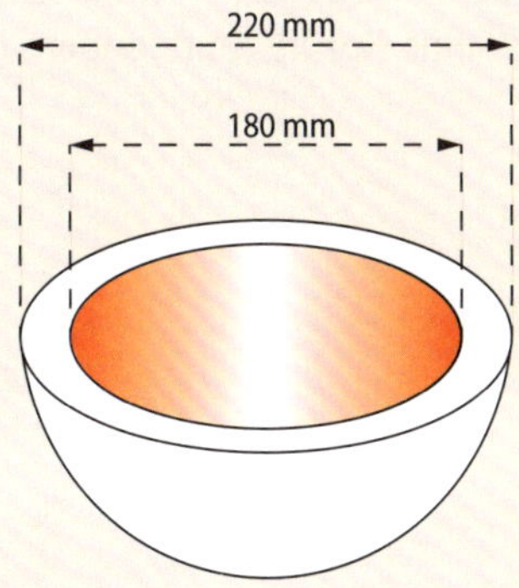

5 Ein Messbecher hat die Form eines Zylinders und ist mit Wasser gefüllt. Sein Durchmesser beträgt innen 8,5 mm. Der Wasserpegel in dem Zylinder steigt um 2,4 cm, wenn man eine Stahlkugel hineinlegt. Bestimme den Durchmesser der Kugel.

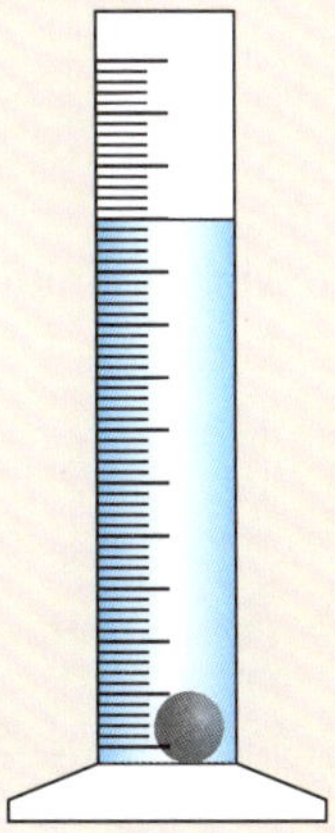

III. Gesuchte Größen bei zusammengesetzten Körpern bestimmen

✓

6 Bestimme Volumen und Oberflächeninhalt der Körper. Runde geeignet.

a) r = 7 cm, h = 15 cm

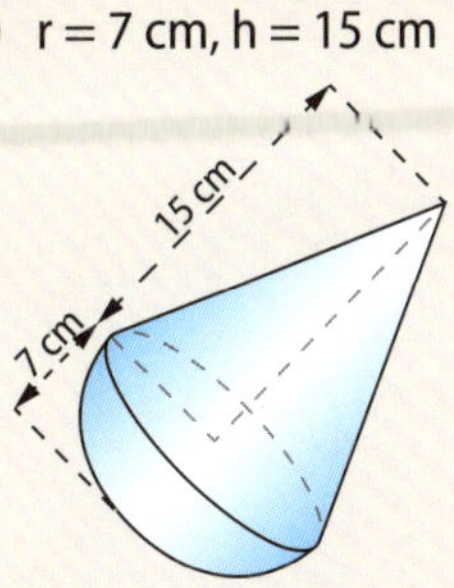

V = ______________

A_O = ______________

b) r = 25 cm

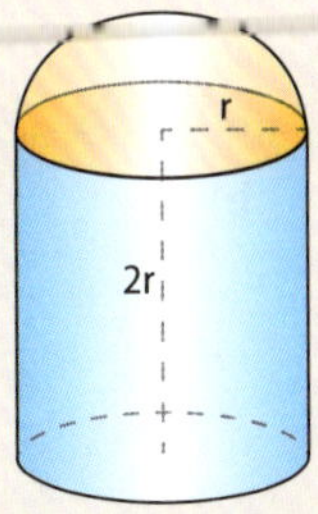

V = ______________

A_O = ______________

c) d = 60 mm

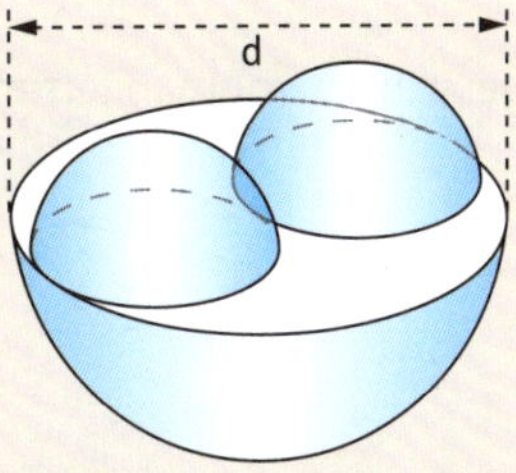

V = ______________

A_O = ______________

Teil	Ich kann bei einfachen Aufgaben …	Aufgaben	Kreuze an. 0–2	3–4	5–6
I.	den Flächeninhalt von Kreis und Kreisteilen berechnen.	1, 2	☹	😐	☺
II.	das Volumen und den Oberflächeninhalt einer Kugel berechnen.	3, 4, 5	☹	😐	☺
III.	gesuchte Größen bei zusammengesetzten Körpern bestimmen.	6	☹	😐	☺

1 Markiere für den angegebenen Winkel die Ankathete in blau, die Gegenkathete in grün und die Hypotenuse in rot. Schreibe den Sinus, Kosinus und Tangens als Verhältnis der Seitenlängen.

a)

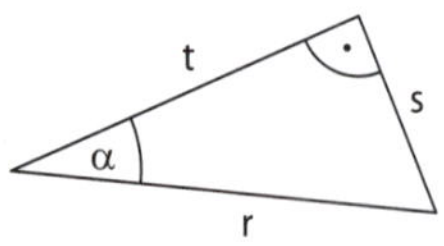

$\sin \alpha =$

$\cos \alpha =$

$\tan \alpha =$

b)

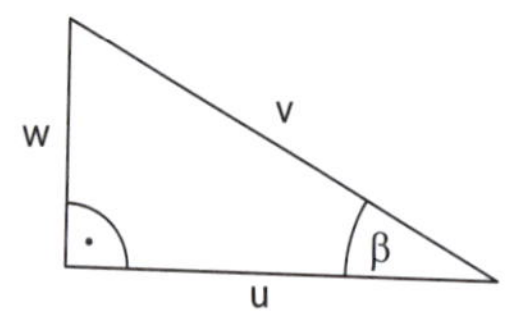

$\sin \beta =$

$\cos \beta =$

$\tan \beta =$

c)

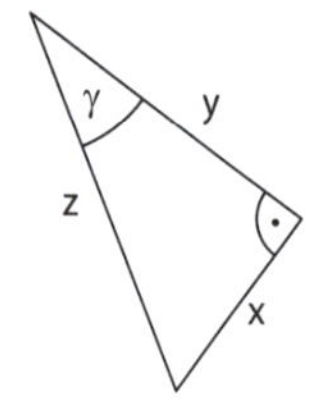

$\sin \gamma =$

$\cos \gamma =$

$\tan \gamma =$

d)

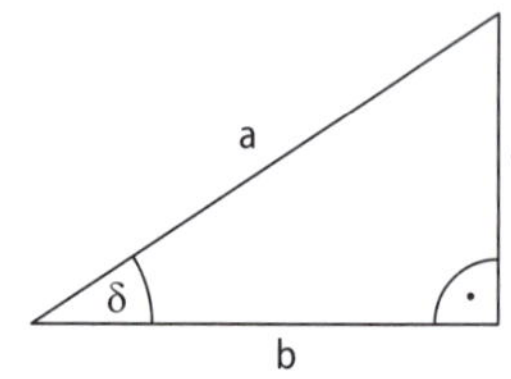

$\sin \delta =$

$\cos \delta =$

$\tan \delta =$

2 Berechne den Winkel α mithilfe der gegebenen Schrittfolge. Runde geeignet.

	a)	**b)**	**c)**
	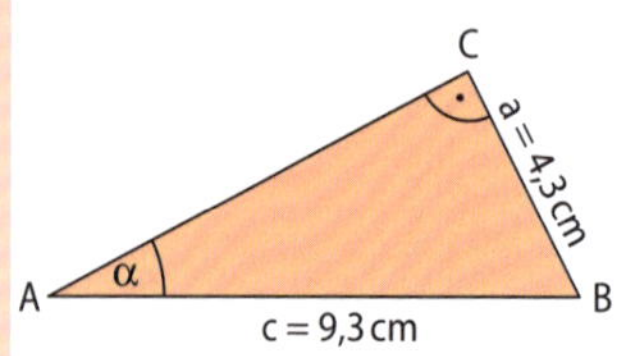	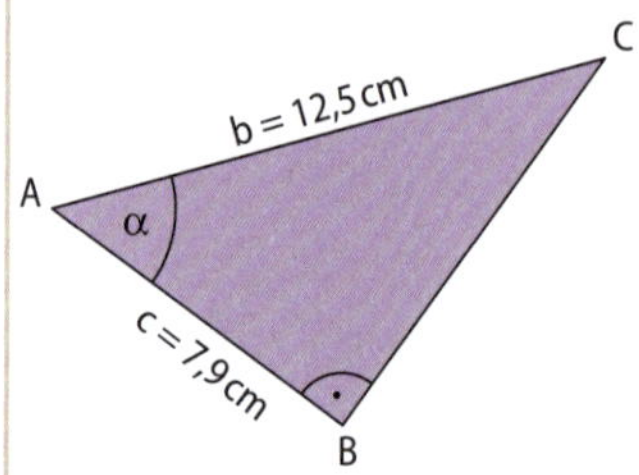	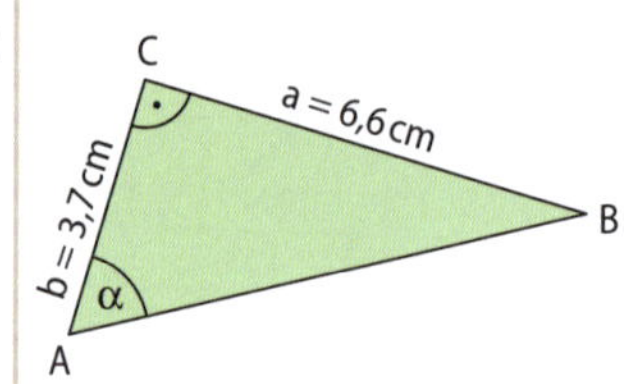
1 Zusammenhang beschreiben	$\sin \alpha =$		
2 Winkel α berechnen	$\alpha \approx$	$\alpha \approx$	$\alpha \approx$

3 Berechne die gesuchten, rot markierten Größen. Runde auf eine Dezimalstelle.

a)

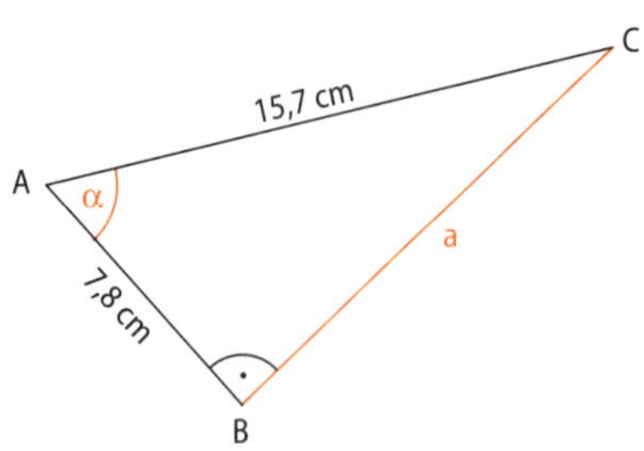

b)

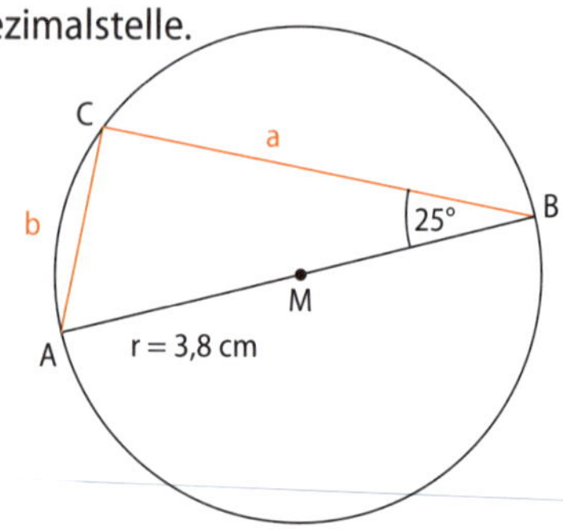

1 Eine 10 m lange Leiter steht an einer Hauswand. Bestimme für die gegebenen Winkelmaße α die Höhe h und den Abstand x. Runde auf cm.

	$\alpha = 60°$	$\alpha = 75°$	$\alpha = 80°$
h			
x			

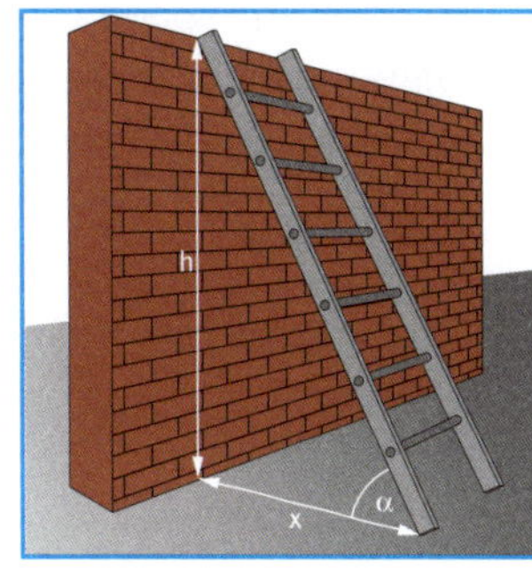

2 Die beiden Holme einer Stehleiter sind 3 m lang. Beim Aufstellen schließen sie einen Winkel von 30° ein. Berechne, wie hoch die Leiter reicht.

Antwort: Die Leiter reicht ________ m hoch.

3 a) Bestimme die Steigung in Prozent einer Straße mit dem Steigungswinkel $\alpha = 4°$. Runde auf ganze Prozent.

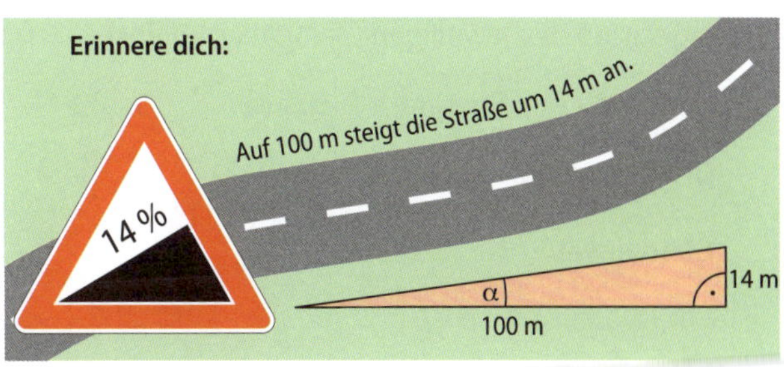

Steigung: ________ %

b) Die Schiene einer Bergbahn hat eine Steigung von 35 %. Berechne den Steigungswinkel α.

$\alpha \approx$ ________

4 a) Berechne die Länge l des äußeren Stahlseils der Brücke.

$l \approx$ ________ m

b) Berechne die Gesamthöhe des Mittelpfeilers.

$h \approx$ ________ m

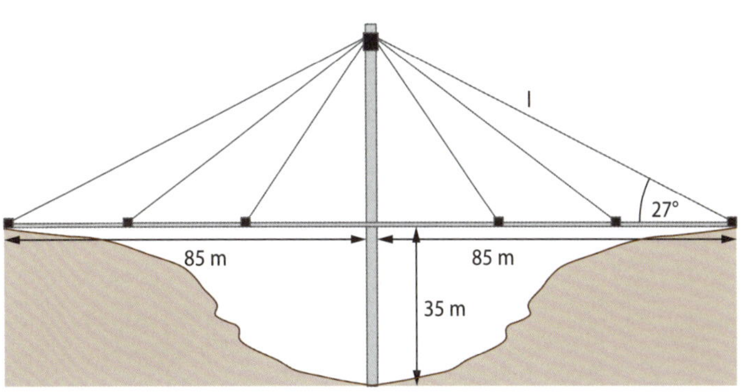

5 Ein Drachenflieger startet von einem 120 m hohen Hügel und gleitet (ohne Aufwind) mit einem Gleitwinkel von ungefähr 7° ins Tal hinab.

a) Begründe, dass die eingezeichneten Winkel α gleich groß sein müssen.

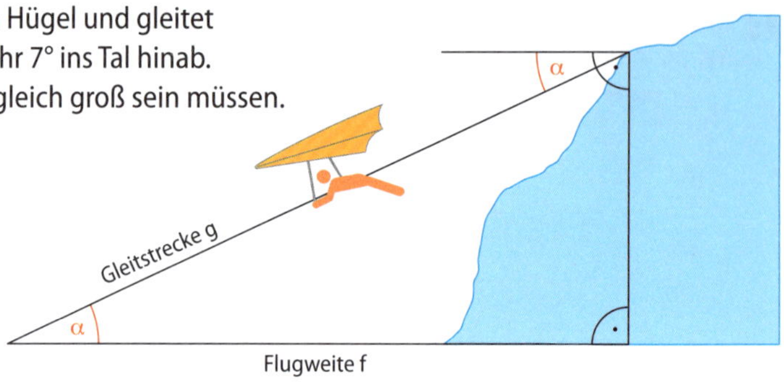

b) Bestimme die Flugweite f des Drachenfliegers.

Flugweite: f = ________ m

c) Berechne die Länge der Gleitstrecke g.

Gleitstrecke: g = ________ m

6 Vögel sind unterschiedlich gute Gleiter. Ihre Gleitfähigkeit wird als Verhältnis zwischen Höhenverlust und horizontal gemessener Flugstrecke festgelegt. Vervollständige die Tabelle, indem du für die Vogelarten den jeweiligen Gleitwinkel angibst.

Vogelart	Bussard	Möwe	Taube	Meise
Gleitfähigkeit	1 : 20	1 : 15	1 : 9	1 : 5
Gleitwinkel				

7 Die Abbildung soll die Lage von Berlin auf der Erdkugel skizzieren. Man sagt: „Berlin liegt zwischen dem 52. und 53. Breitengrad", d. h. auf einem Kreis, der vom Äquator um etwa 52,5° abweicht. Bestimme den Radius r dieses Kreises, wenn der Radius der Erde $R \approx 6370$ km beträgt. Nutze die Skizze und beschrifte sie geeignet.

Skizze:

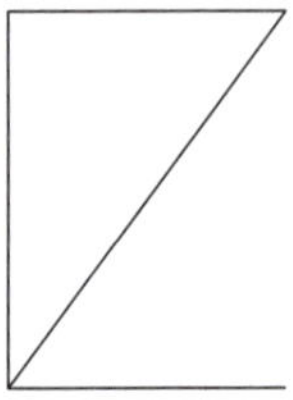

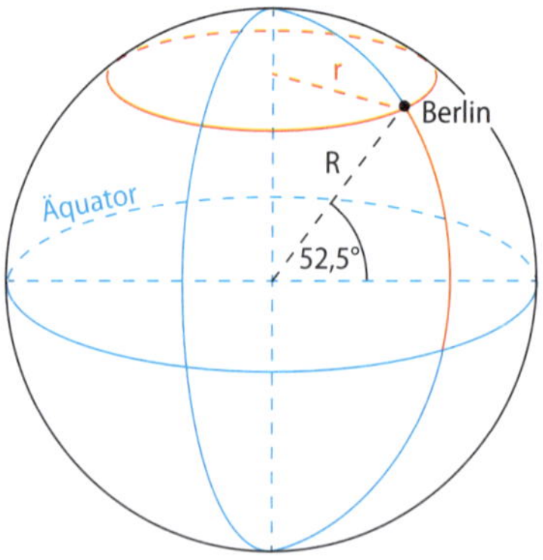

Radius r ≈ ________ km

1 Kreuze alle Möglichkeiten an, die die Zusammenhänge richtig angeben.

a)

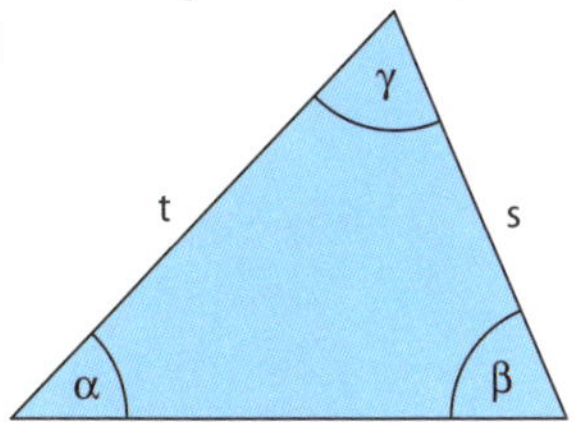

- ☐ $\frac{r}{\sin\alpha} = \frac{t}{\sin\gamma}$
- ☐ $\frac{s}{\sin\alpha} = \frac{t}{\sin\beta}$
- ☐ $\frac{t}{\sin\beta} = \frac{r}{\sin\alpha}$
- ☐ $\frac{s}{\sin\alpha} = \frac{r}{\sin\alpha}$

b)

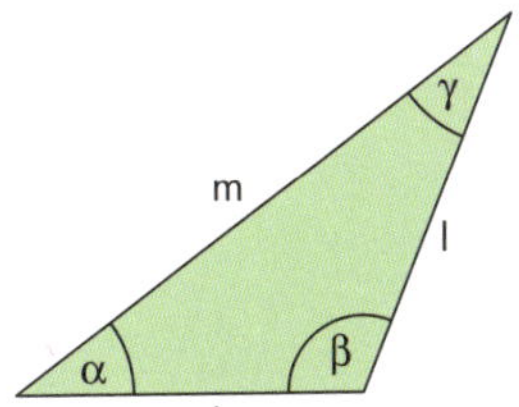

- ☐ $\frac{l}{\sin\alpha} = \frac{k}{\sin\gamma}$
- ☐ $\frac{k}{\sin\alpha} = \frac{m}{\sin\beta}$
- ☐ $\frac{m}{\sin\beta} = \frac{l}{\sin\alpha}$
- ☐ $\frac{k}{\sin\gamma} = \frac{l}{\sin\alpha}$

c)

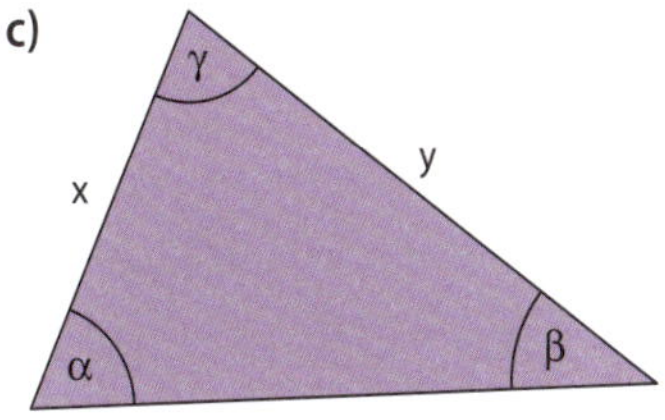

- ☐ $\frac{\sin\alpha}{y} = \frac{\sin\beta}{z}$
- ☐ $\frac{\sin\gamma}{z} = \frac{\sin\alpha}{y}$
- ☐ $\frac{\sin\beta}{x} = \frac{\sin\gamma}{y}$
- ☐ $\frac{y}{\sin\alpha} = \frac{z}{\sin\gamma}$

2 Ergänze in der Tabelle die fehlenden Größen des Dreiecks ABC. Runde geeignet.

	a)	b)	c)	d)	e)
a	7,5 cm	4,8 cm			17,1 m
b	3,4 cm		12,1 m		
c		9,2 cm		5,6 cm	
α	65°		35°	45°	
β			68°		27°
γ		110°		80°	95°

3 Bei einer Aufforstung soll ein künftiges Waldgrundstück, das näherungsweise dreieckig ist, eingezäunt werden, um es vor Wildverbiss zu schützen. Berechne die Länge des dafür notwendigen Zauns. Entnimm die Angaben der Zeichnung.

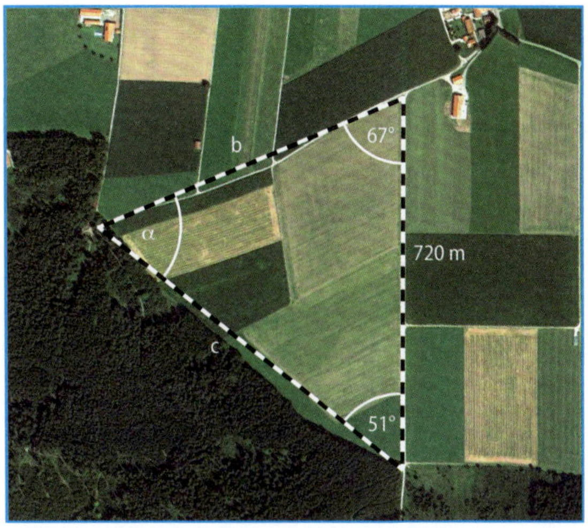

Zaunlänge: ______________ m

1 Stelle jeweils den Kosinussatz für das Dreieck mit den gegebenen Bezeichnungen auf.

a)
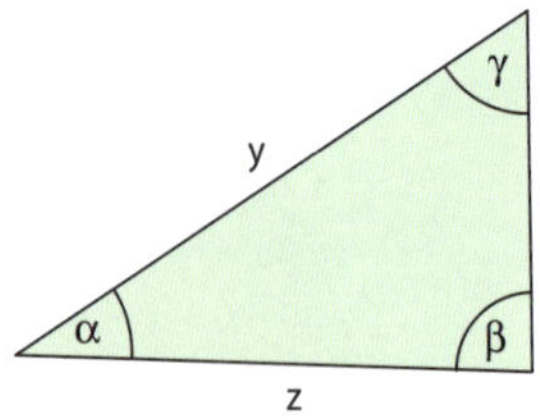

b)
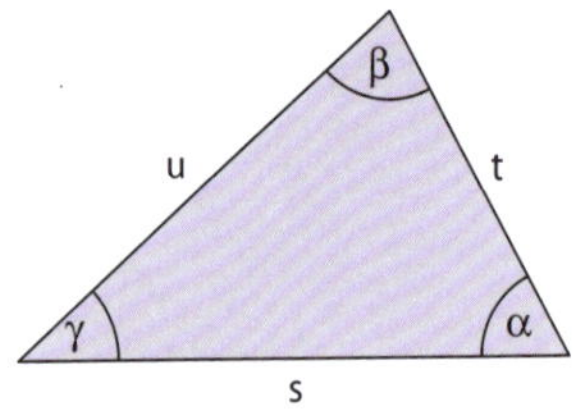

c)
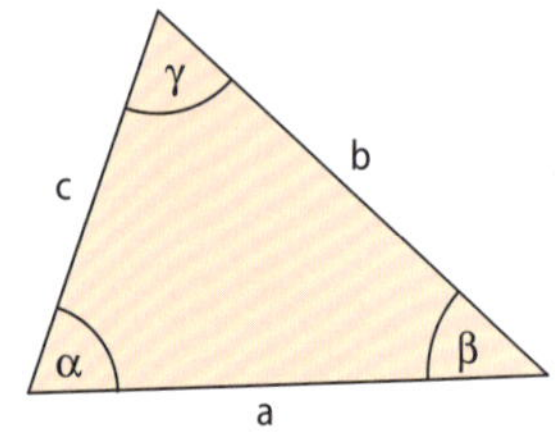

a)	b)	c)
$x^2 =$	$s^2 =$	$a^2 =$
$y^2 =$	$t^2 =$	$b^2 =$
$z^2 =$	$u^2 =$	$c^2 =$

2 Zeige durch Umformung, dass der Satz des Pythagoras als Spezialfall des Kosinussatzes betrachtet werden kann. Gehe von einem Dreieck ABC mit $\gamma = 90°$ aus.

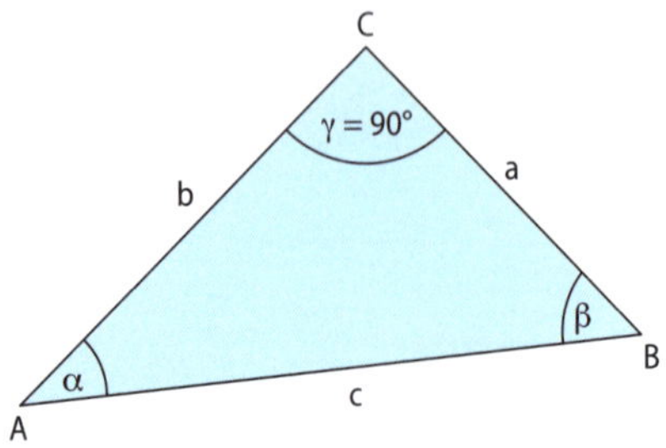

$c^2 = \quad + \quad -$

$\quad = $

$c^2 = a^2 + b^2$

3 Bestimme die Größe der Innenwinkel des Dreiecks ABC.

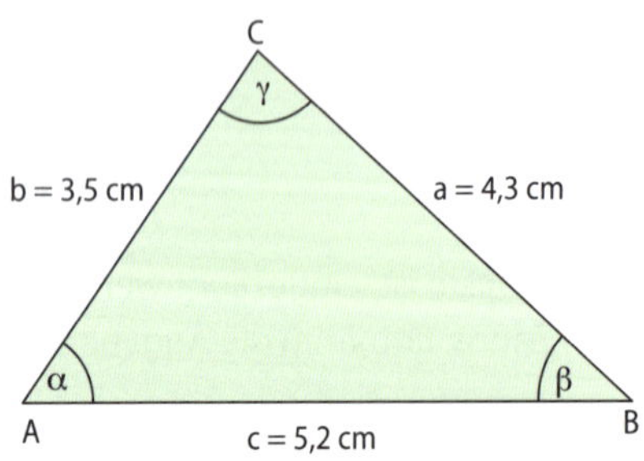

$\alpha \approx$

$\beta \approx$

$\gamma \approx$

4 An einem Binnensee in Deutschland verbindet eine Fähre die beiden eingezeichneten Orte. Bestimme die Länge s der Strecke, die die Fähre zurücklegt.

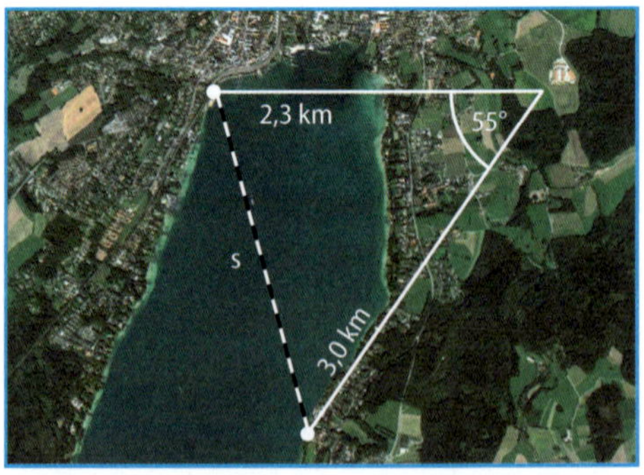

Länge der Fährverbindung: ________ km

1 Schreibe drei Möglichkeiten auf, um den Flächeninhalt des Dreiecks zu berechnen.

a)

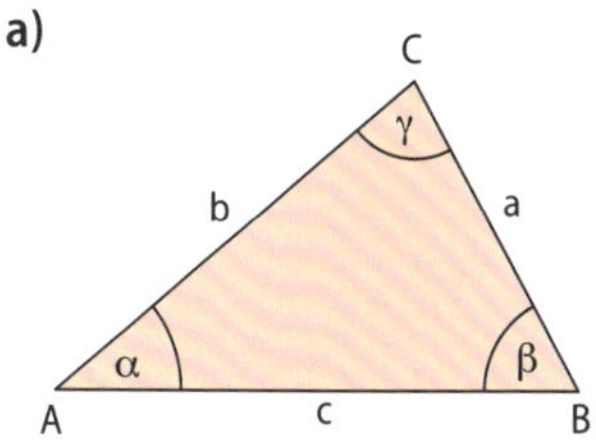

b)

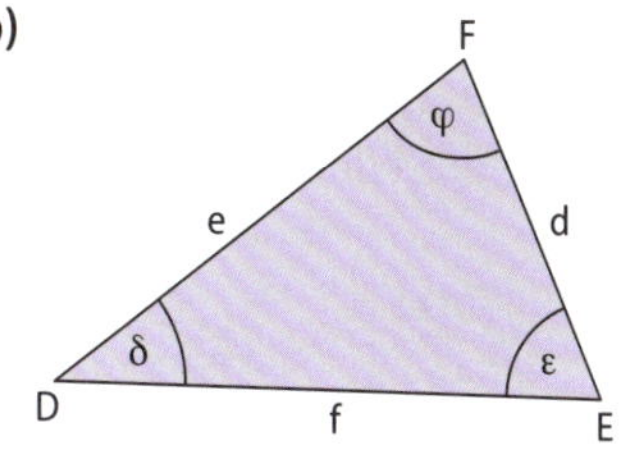

2 Berechne jeweils den Flächeninhalt der Dreiecke ABC. Die Lösungen ergeben in der Reihenfolge der Aufgabe eine Stadt in Brandenburg.

a) $a = 3{,}5\,cm;\ b = 7{,}1\,cm;\ \gamma = 32°$

b) $a = 6{,}2\,cm;\ c = 4{,}3\,cm;\ \beta = 85°$

c) $a = 4{,}8\,cm;\ b = 7{,}6\,cm;\ \gamma = 74°$

d) $b = 9{,}2\,cm;\ c = 2{,}8\,cm;\ \alpha = 55°$

e) $b = 1{,}8\,cm;\ c = 12{,}3\,cm;\ \alpha = 68°$

f) $a = 2{,}3\,cm;\ c = 7{,}0\,cm;\ \beta = 47°$

g) $b = 4{,}0\,cm;\ c = 8{,}2\,cm;\ \alpha = 20°$

L $A \approx 10{,}6\ cm^2$

B $A \approx 6{,}6\ cm^2$

Z $A \approx 5{,}6\ cm^2$

I $A \approx 10{,}3\ cm^2$

E $A \approx 17{,}5\ cm^2$

E $A \approx 13{,}3\ cm^2$

T $A \approx 5{,}9\ cm^2$

Lösungswort: ___ ___ ___ ___ ___ ___ ___

3 Frau Vollmer lässt ein 6,80 m breites Carport mit Satteldach bauen. Die vordere Dachfläche möchte sie noch mit Alublech verkleiden, um sie besser gegen Witterungseinflüsse zu schützen. Sie misst eine Dachschräge von 30° gegen die Horizontale. Wie viel Blech benötigt sie, wenn sie zusätzlich 10 % für Verschnitt einplant?

Dachlänge l:

A =

Frau Vollmer benötigt ____________ m^2 Alublech.

4 Berechne den Flächeninhalt des Trapezes (b = d).

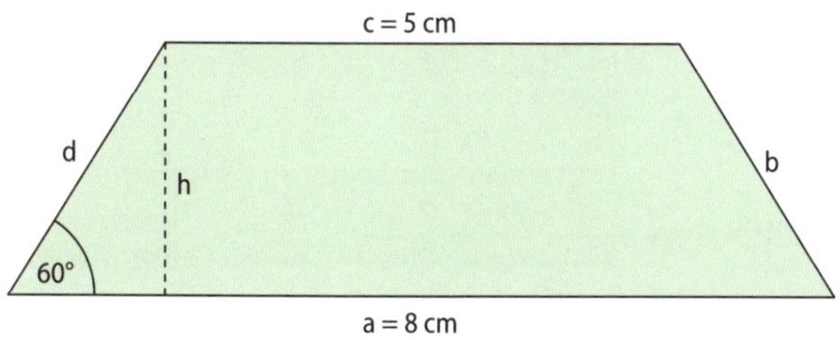

A = ____________

5 Das kann ich!

I. Zusammenhänge im rechtwinkligen Dreieck nutzen

✓

1 Beschreibe zunächst den Zusammenhang durch die Seitenbezeichnungen a, b und c. Bestimme dann die Größe des Winkels α auf drei Arten. Runde auf ganze Grad.

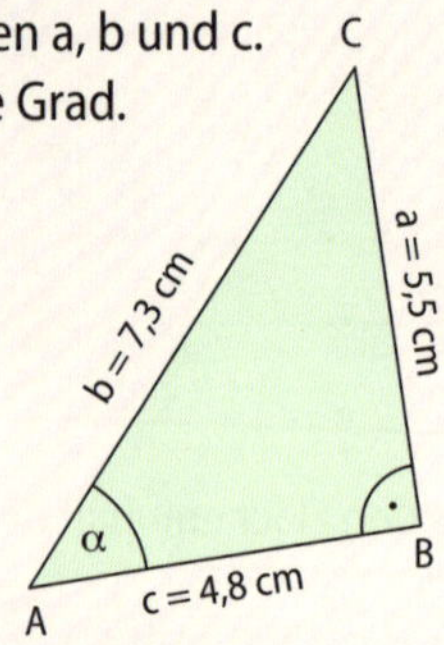

a) $\tan \alpha =$ ☐

$\tan \alpha =$ ☐

$\alpha =$

b) $\sin \alpha =$

$\sin \alpha =$

$\alpha =$

c) $\cos \alpha =$

$\cos \alpha =$

$\alpha =$

2 Berechne die gesuchten Größen. Runde auf eine Dezimalstelle.

a)

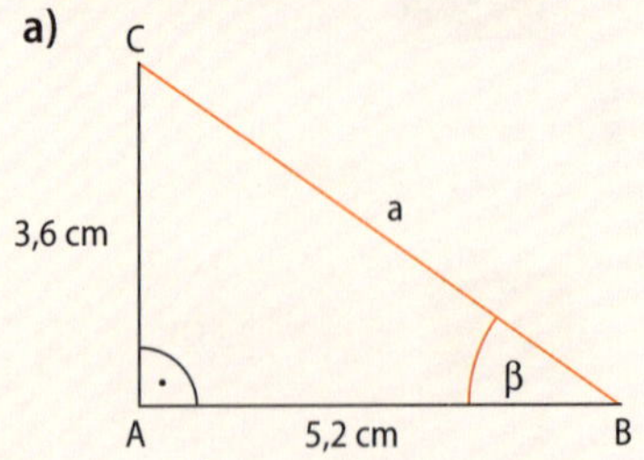

b)

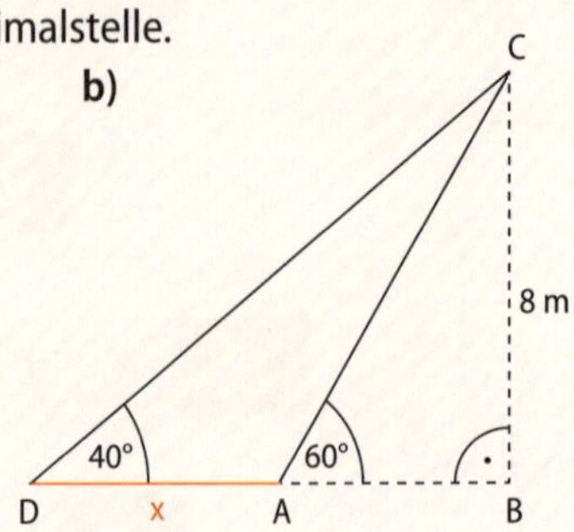

☐ ☐ ☐

II. Den Sinussatz in beliebigen Dreiecken anwenden

✓

3 Die Karte zeigt die Lage einer beliebten Badestelle bei Brandenburg an der Havel.

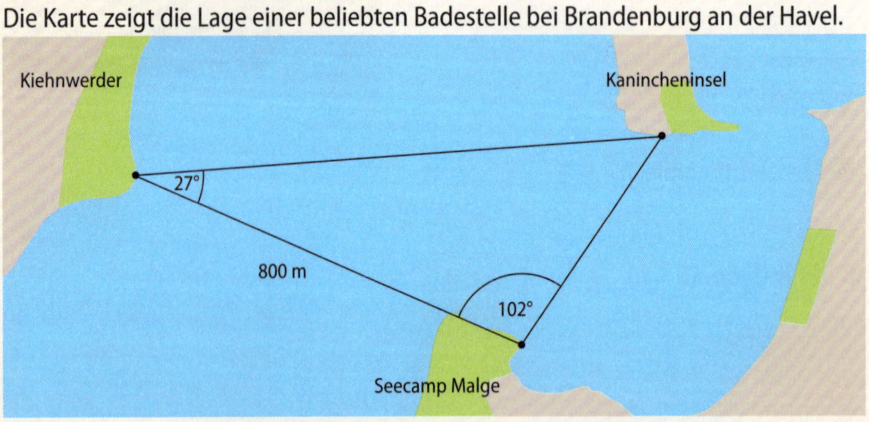

a) Schätze die Entfernung vom Seecamp zur Kanincheninsel: ____________ ☐

b) Berechne die Entfernung: ____________ ☐

4 Berechne die gesuchten Streckenlängen im abgebildeten Dreieck, für …

a) $\alpha = 10°$.

$x =$ ______________

$y =$ ______________

b) $\alpha = 25°$.

$x =$ ______________

$y =$ ______________

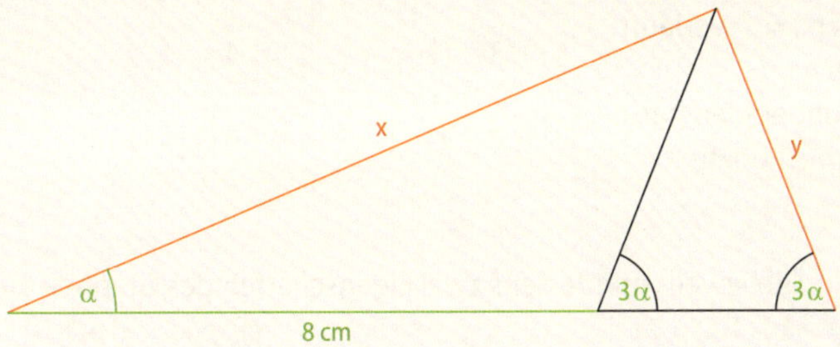

III. Den Kosinussatz in beliebigen Dreiecken anwenden

5 Stelle jeweils den Kosinussatz für die gesuchte Seitenlänge im Dreieck ABC auf.

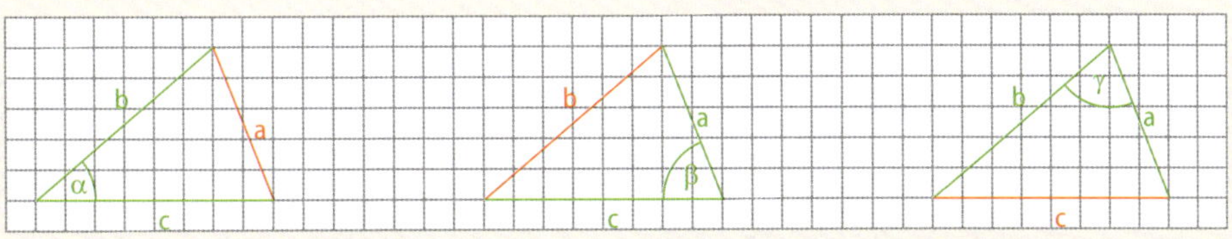

$a^2 =$ ______________ $b^2 =$ ______________ $c^2 =$ ______________

6 **a)** Berechne die Entfernung zwischen dem Fels (D) und dem Schloss (A).

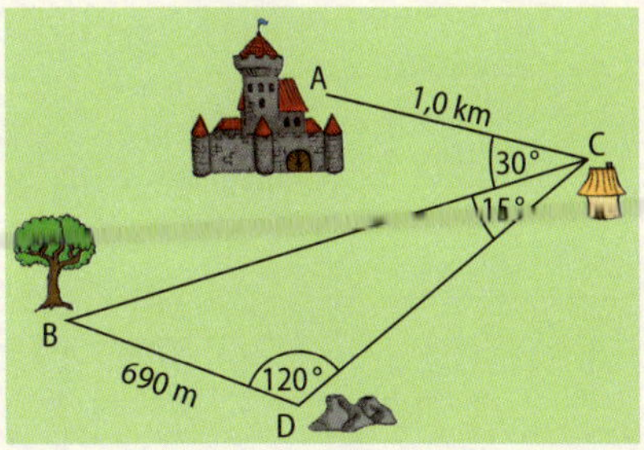

b) Bestimme, um wie viel Prozent die Strecke $\overline{DA}$ kürzer ist als $\overline{DC} + \overline{CA}$.

Teil	Ich kann bei einfachen Aufgaben …	Aufgaben	Kreuze an. 0–2	3–4	5–6
I.	Zusammenhänge im rechtwinkligen Dreieck nutzen.	1, 2	☹	😐	☺
II.	den Sinussatz in beliebigen Dreiecken anwenden.	3, 4	☹	😐	☺
III.	den Kosinussatz in beliebigen Dreiecken anwenden.	5, 6	☹	😐	☺

Potenzfunktionen mit natürlichem Exponenten

1 Kreuze alle möglichen Lösungen an.

a)	Bei der Potenz a^n heißt n …	☐ Basis	☐ Exponent	☐ Radikant
b)	$a^1 = …$	☐ a	☐ 1	☐ 0
c)	Der Graph einer Potenzfunktion $f(x) = x^n$ verläuft symmetrisch zur y-Achse für n = …	☐ 5	☐ -3	☐ 12
d)	Der Graph einer Potenzfunktion $f(x) = x^n$ verläuft für alle $x < 0$ monoton fallend bei n = …	☐ 3	☐ 4	☐ 5
e)	Die Potenzfunktion $f(x) = x^n$ mit ungeraden natürlichen Zahlen n hat als gemeinsame Punkte …	☐ P(−1|−1)	☐ P(1|−1)	☐ P(0|−1)

2 Ordne die Graphen den Gleichungen zu. Gib jeweils mindestens zwei Eigenschaften des Graphen an.

a) $f(x) = (x - 1{,}5)^2$

Lösungsmöglichkeiten:

____

____

____

____

b) $f(x) = 2x^3$

Lösungsmöglichkeiten:

____

____

____

____

c) $f(x) = x^4 + 1$

Lösungsmöglichkeiten:

____

____

____

____

d) $f(x) = 0{,}5x^3$

Lösungsmöglichkeiten:

____

____

____

____

e) $f(x) = x^3 - \frac{2}{5}$

Lösungsmöglichkeiten:

____

____

____

____

f) $f(x) = -x^3$

Lösungsmöglichkeiten:

____

____

____

____

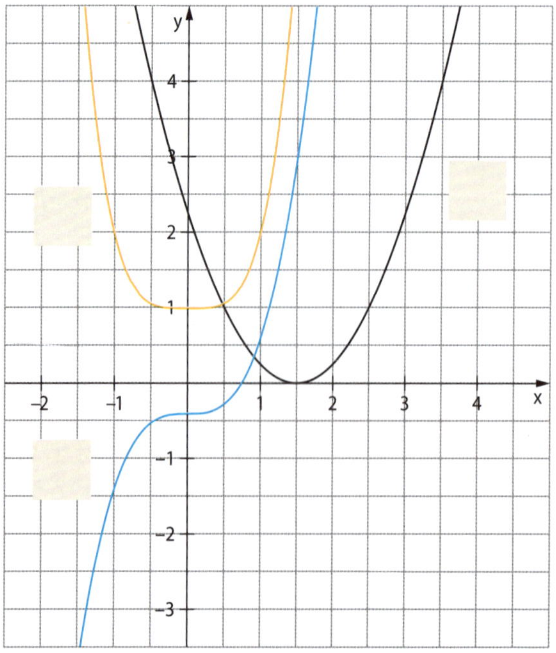

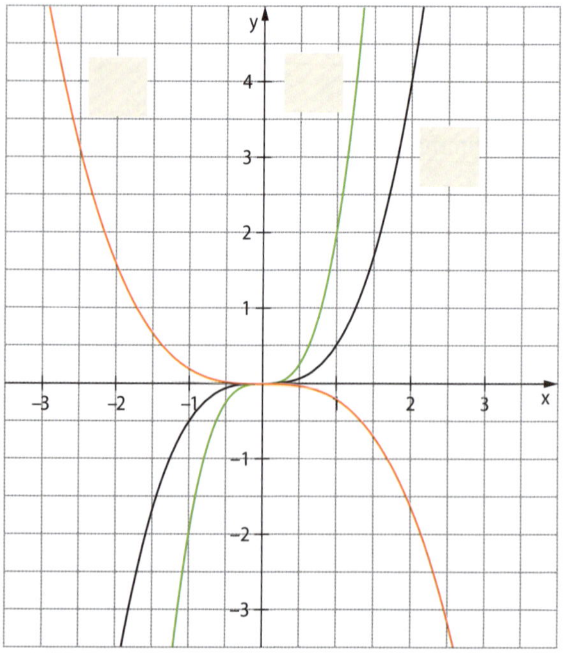

1 a) Vervollständige die Wertetabellen. Runde auf eine Dezimalstelle.

1

x	−2	−1,5	−1	−0,5	0,5	1	1,5	2
$f(x) = x^{-3}$								

2

x	0,01	0,25	0,5	1	2,25	4,5	5,58	6,89
$f(x) = x^{\frac{1}{3}}$								

b) Ergänze die Eigenschaften der Funktionen.

Funktionsgleichung	$f(x) = x^{-3}$	$f(x) = x^{\frac{1}{3}}$
Definitionsbereich $\mathbb{D}$		
Wertebereich $\mathbb{W}$		
Monotonie		
Scheitelpunkt S		
Nullstellen		
Schnittpunkt P mit der y-Achse		
Symmetrie		

2 Welche Beschreibung passt zur Funktion? Ordne zu.

$f(x) = x^{-2}$	$f(x) = x^{\frac{1}{2}}$	$f(x) = x^4$

Die Funktion ist für $x < 0$ fallend und für $x > 0$ steigend. Die Nullstelle ist bei $x = 0$.	Die Funktion ist für $x = 0$ nicht definiert und der Graph ist achsensymmetrisch.	Die Funktion ist im gesamten Definitionsbereich steigend. Die Nullstelle ist bei $x = 0$.

3 Kreuze an, welche Funktionsgleichung zum dargestellten Graphen gehört.

☐ $f(x) = x^{-3} + 2$	☐ $f(x) = x^{-3} + 2$
☐ $f(x) = x^{-2} - 2$	☐ $f(x) = x^{-2} - 2$
☐ $f(x) = x^{-2} + 2$	☐ $f(x) = x^{-2} + 2$
☐ $f(x) = (x + 2)^{-2}$	☐ $f(x) = (x + 2)^{-2}$
☐ $f(x) = (x - 2)^{-2}$	☐ $f(x) = (x - 2)^{-2}$

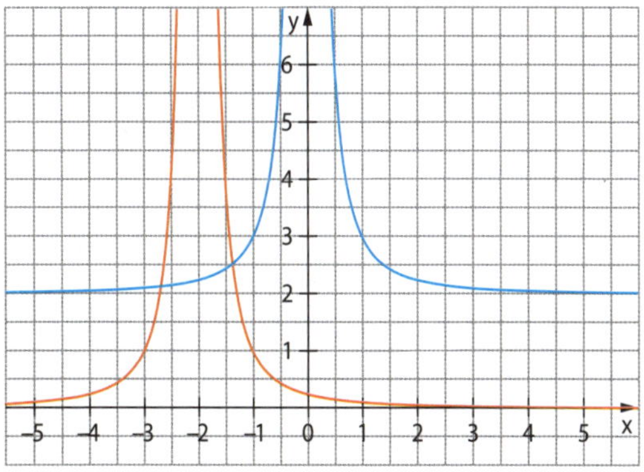

Rund um Potenzfunktionen und Potenzgleichungen

1 Gegeben seien die Funktionen mit den Gleichungen $f_1(x) = x^5$ und $f_2(x) = -\frac{1}{4}x + 0{,}5$.

a) Begründe, wie viele Schnittpunkte die beiden Graphen miteinander haben.

____

____

____

____

b) Zeichne beide Funktionen in das Koordinatensystem.

c) Gib die Koordinaten der Schnittpunkte an.

____

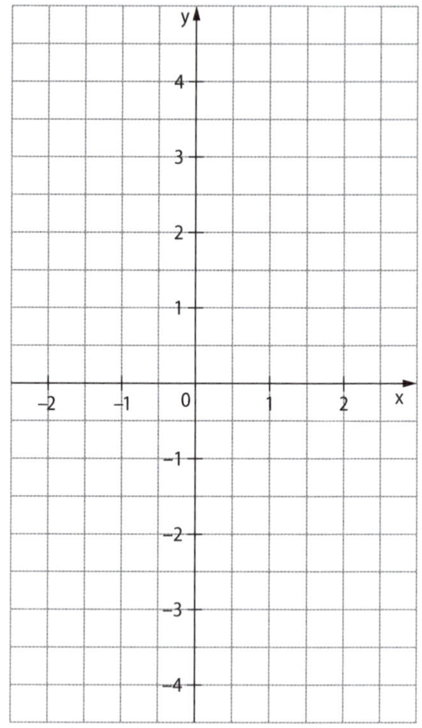

2 Ordne den Potenzgleichungen die zugehörige Lösung zu.

$x^{10} = 1$	$x^4 + 16 = 0$	$(x - 1)^3 = -8$	$x^3 = -27$	$\sqrt[3]{x} = 2$
$x = -3$	$x_1 = -1;\ x_2 = 1$	$x = 8$	keine Lösung	$x = -1$

3 Kreuze an, ob die Aussage wahr oder falsch ist.

a)	Aus $x_2 > x_1 > 0$ folgt $x_2^3 > x_1^3$.	☐ wahr	☐ falsch
b)	Aus $x_2 \geq x_1 > 0$ folgt $x_2^3 > x_1^3$.	☐ wahr	☐ falsch
c)	Aus $0 > x_2 > x_1$ folgt $x_2^3 < x_1^3$.	☐ wahr	☐ falsch
d)	Aus $x_2 > x_1 > 0$ folgt $x_2^2 > x_1^2$.	☐ wahr	☐ falsch
e)	Aus $0 > x_2 > x_1$ folgt $x_2^2 < x_1^2$.	☐ wahr	☐ falsch
f)	Aus $x_2 > x_1 > 0$ folgt $\frac{1}{x_2} > \frac{1}{x_1}$.	☐ wahr	☐ falsch
g)	Aus $x_2 > x_1 > 0$ folgt $\frac{1}{x_2} < \frac{1}{x_1}$.	☐ wahr	☐ falsch
h)	Aus $0 > x_2 \geq x_1$ folgt $\frac{1}{x_2^3} \leq \frac{1}{x_1^3}$.	☐ wahr	☐ falsch

4 Gegeben ist die Funktion $f(x) = (x + 2)^{-2} - 2$.

a) Bestimme ohne Zeichnung die Eigenschaften der Funktion.

Definitionsbereich $\mathbb{D}$	
Wertebereich $\mathbb{W}$	
Symmetrie	
Monotonie	
Asymptoten	

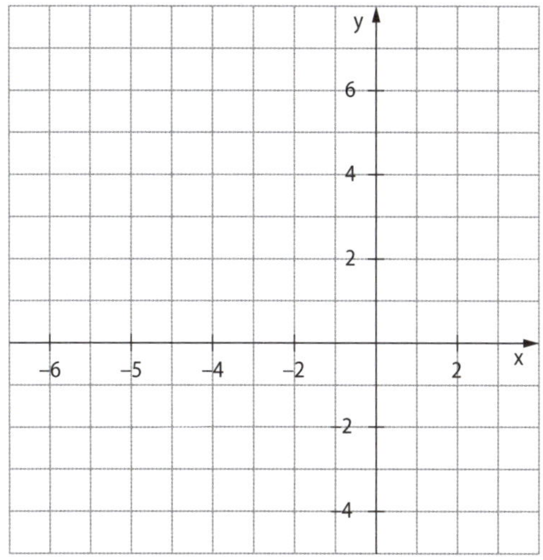

b) Stelle den Graphen der Funktion im Intervall [−6; 2] dar (1 LE = 2 cm).
Berechne dazu auch die Koordinaten der Punkte an den Intervallrändern.

c) Begründe, ob die Funktion umkehrbar ist.

5 a) Beschreibe, welche Art von Potenzfunktionen im Bild dargestellt sind.

b) Gib gemeinsame Eigenschaften der Funktionen an.

Definitionsbereich $\mathbb{D}$	
Wertebereich $\mathbb{W}$	
Symmetrie	
gemeinsame Punkte	
Monotonie	

c) Gib die zugehörigen Funktionsgleichungen an.

$f_1(x) =$

$f_2(x) =$

$f_3(x) =$

I. Potenzfunktionen und ihre Eigenschaften bestimmen

✓

1 Die Punkte A bis E liegen auf dem Graphen der angegebenen Potenzfunktion. Bestimme die fehlenden Koordinaten. Findest du mehrere Möglichkeiten?

a) $f(x) = x^5$ A (1 | ____) B (−4 | ____) C (3 | ____) D (____ | −32) ☐

b) $f(x) = 2x^2$ A (0 | ____) B (−2,5 | ____) C (0,5 | ____) D (____ | 18)

c) $f(x) = -x^3$ A (−1 | ____) B (____ | −3,375) C (____ | −1,728) D (____ | 0) ☐

d) $f(x) = 0{,}5x^4$ A (−3 | ____) B (____ | 0,5) C (4 | ____) D (2,2 | ____)

2 Gegeben ist die Funktion mit der Gleichung $f(x) = -x^3$.

a) Vervollständige die Wertetabelle.

x	−2	−1,8	−1,5	−1	0	0,5	0,8	1	1,2	1,6
f (x)										

☐

b) Welcher der Graphen gehört zu der Funktion? Kreuze an. ☐

☐ 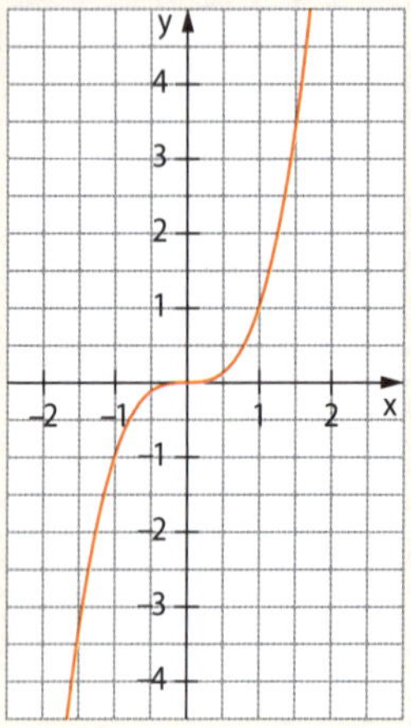

☐ 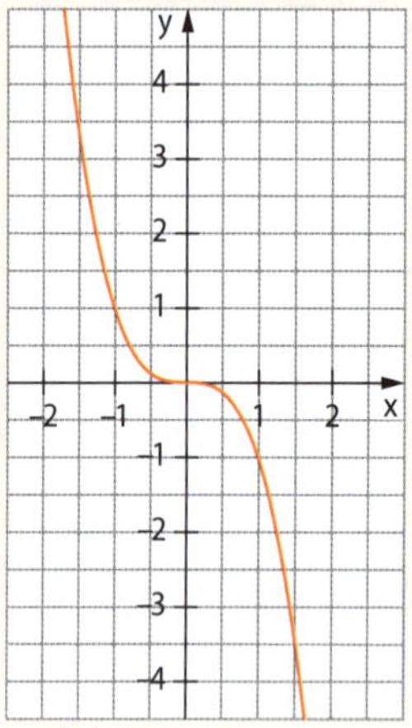

☐ 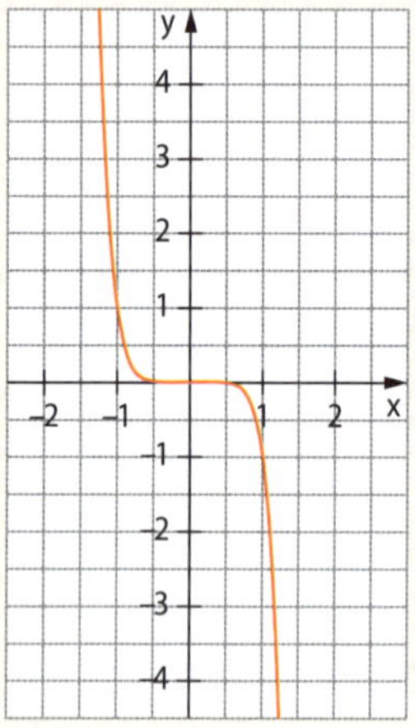

3 Trage die Eigenschaften der Funktionen in die Tabelle ein.

Eigenschaft	a) $f(x) = x^3 - 1$	b) $f(x) = (x + 2)^2$
Definitionsbereich $\mathbb{D}$		
Wertebereich $\mathbb{W}$		
Monotonie		
Scheitelpunkt S		
Nullstellen		
Schnittpunkt P mit der y-Achse		
Symmetrie		

☐

☐

II. Potenzfunktionen und Potenzgleichungen anwenden

✓

4 Beschreibe, wie sich die Funktionswerte bei der angegebenen Funktion f verändern, wenn man das Argument x verdoppelt, verdreifacht oder halbiert.

a) $f(x) = x^{-1}$

____

____

____

b) $f(x) = x^{-2}$

____

____

____

5 Begründe, dass zu den Funktionen im angegebenen Definitionsbereich keine Umkehrfunktion gebildet werden kann.

a) $f_1(x) = 2x^2, -2 \le x \le 2$

____

____

b) $f_2(x) = 4x^4, -4 \le x \le 4$

____

____

6 Gib an, in welchen Bereichen die Funktionen steigend bzw. fallend sind.

$f_1(x) = x^3$	steigend: fallend:
$f_2(x) = x^4$	steigend: fallend:
$f_3(x) = x^5$	steigend: fallend:
$f_4(x) = x^6$	steigend: fallend:

Teil	Ich kann bei einfachen Aufgaben …	Aufgaben	Kreuze an. 0–2	3–4	5–6
I.	Potenzfunktionen und ihre Eigenschaften bestimmen.	1, 2, 3	☹	😐	☺
II.	Potenzfunktionen und Potenzgleichungen anwenden.	4, 5, 6	☹	😐	☺

Fotolia / Hardyuno – Cover; Fotolia / Sebastian Kaulitzki – S. 3; Fotolia / Doug Olsen – S. 3; Fotolia / Lorenz Timm – S. 29; Getty Images Plus / Images Plus, Brand X Pictures – S. 30; Getty Images Plus / Ingram Publishing – S. 30; Getty Images Plus / iStockphoto, Pablo Demetrio Scapinachis Armstrong – S. 29; Getty Images Plus / iStockphoto, Philippa Banks – S. 29; Getty Images Plus / iStockphoto, Nicola Bilic – S. 29; Getty Images Plus / iStockphoto, Laurent Davoust – S. 30; Getty Images Plus / iStockphoto, Anthony Hopkins – S. 29; Getty Images Plus / iStockphoto, Mercedes ranca Ao – S. 32; Getty Images Plus / iStockphoto, photography-wildlife.de – S. 36; Getty Images Plus / iStockphoto, Alexander Shirokov – S. 3; Getty Images Plus / iStockphoto, Feng Yu – S. 30; Getty Images Plus / Lifesize, Michael Blann – S. 30; Getty Images Plus / moodboard – S. 17; Getty Images Plus / Stockbyte – S. 29; Getty Images Plus / Stockbyte, Danegeld – S. 29; Getty Images Plus / Zoonar, J. Wachala – S. 30; Ullstein-Bild / CHROMORANGE, AGF Creative – Cover; www.wikimedia.org / Dontworry – S. 30

I. Die Normalparabel und ihre Eigenschaften anwenden

1 Entscheide, ob die Punkte auf den Graphen der Funktionen f_1 oder f_2 liegen. Kreuze gegebenenfalls an.

	T (−3 | 9)	A (25 | −5)	C (−1 | 1)	M (−√5 | 5)	L (0,4 | −0,16)
$f_1(x) = x^2$	x		x	x	
$f_2(x) = -x^2$					x

2 a) Kreuze die richtigen Aussagen zur Parabel mit $f(x) = -x^2$ an.

- [x] Der Scheitelpunkt hat von allen Punkten der Parabel die höchste y-Koordinate.
- [x] Die Parabel hat keine positiven Funktionswerte.
- [x] Die Parabel hat eine einzige Nullstelle.
- [ ] Die Parabel ist punktsymmetrisch zum Scheitelpunkt.
- [x] Der Scheitelpunkt liegt bei (0 | 0).
- [ ] Die Parabel verläuft symmetrisch zur x-Achse.

b) Die Punkte M und N liegen auf der Parabel mit $f(x) = x^2$.
Bestimme rechnerisch die fehlenden Koordinaten.

$x = 2\sqrt{3}$ in $y = x^2$ — $y = (2\sqrt{3})^2$ — $y = 12$ — M $(2\sqrt{3} \mid 12)$

$y = 12{,}25$ in $y = x^2$ — $12{,}25 = x^2$ — $x_1 = 3{,}5$; $x_2 = -3{,}5$ — N $(-3{,}5 \mid 12{,}25)$ oder $N(3{,}5 \mid 12{,}25)$

II. Veränderungen der Normalparabel bestimmen

3 Die Punkte Q liegen auf Parabeln der Form $f(x) = ax^2$ ($a \in \mathbb{R} \setminus \{0\}$). Berechne (im Kopf oder auf einem Extrablatt) den Wert des Parameters a und gib die Parabelgleichung an.

a) Q (3|−9): $f(x) = -x^2$ Q (−2|6): $f(x) = 1{,}5x^2$ Q (−3|−63): $f(x) = -7x^2$

b) Q (6|12): $f(x) = \frac{1}{3}x^2$ Q (10|−80): $f(x) = -0{,}8x^2$ Q (−2|1,5): $f(x) = \frac{3}{8}x^2$

4 Bestimme die fehlenden Scheitelkoordinaten, Koeffizienten a bzw. Parabelgleichungen. Entscheide dann, wie viele Nullstellen die Parabel besitzt.

		Scheitelpunkt	a =	Der Scheitelpunkt liegt … der x-Achse.	Anzahl der Nullstellen
a)	$f(x) = -0{,}2 \cdot (x+3)^2 + 7$	S (−3 | 7)	−0,2	[x] über [ ] unter [ ] auf	[ ] 0 [ ] 1 [x] 2
b)	$f(x) = 4 \cdot (x-8)^2 + 1$	S (8 | 1)	4	[x] über [ ] unter [x] auf	[x] 0 [ ] 1 [ ] 2
c)	$f(x) = -5 \cdot (x+2)^2$	S (−2 | 0)	−5	[ ] über [ ] unter [x] auf	[ ] 0 [x] 1 [ ] 2
d)	$f(x) = (x - 4)^2 - 6$	S (4 | −6)	1	[ ] über [x] unter [ ] auf	[ ] 0 [ ] 1 [x] 2

5 Gib zu jeder Funktionsgleichung die Koordinaten des Scheitelpunktes S an und ordne die passenden Graphen zu.

$f(x) = (x+1)^2 - 2$	$f(x) = (x+1)^2 + 2$	$f(x) = (x-1)^2 - 2$	$f(x) = (x+2)^2 - 1$
S (−1 | −2)	S (−1 | 2)	S (1 | −2)	S (−2 | −1)

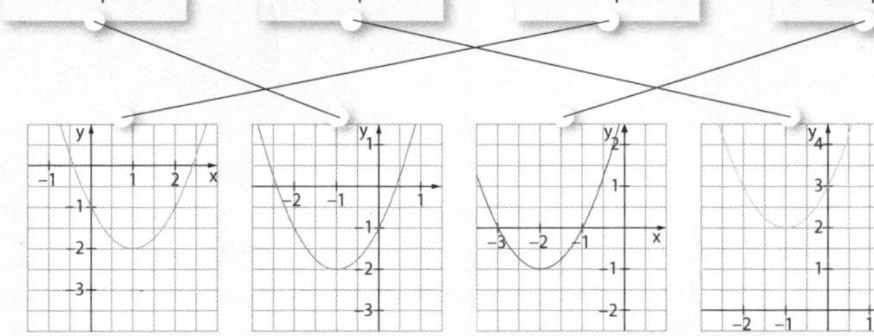

III. Scheitelpunktform und Normalform einer Parabel bestimmen und nutzen

6 Ermittle die Scheitelpunktform und den Scheitelpunkt der Funktionen. Ordne anschließend den Funktionsgleichungen ihren Graphen zu.

$f(x) = x^2 + 3x + 1{,}25$	$f(x) = x^2 - 3x - 3{,}25$	$f(x) = x^2 - 2x + 3$
$= (x + 1{,}5)^2 - 1$	$= (x - 1{,}5)^2 - 5{,}5$	$= (x - 1)^2 + 2$
S (−1,5 | −1)	S (1,5 | −5,5)	S (1 | 2)

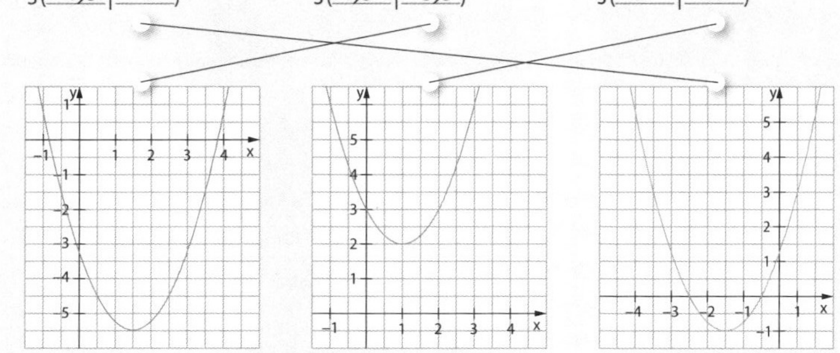

Teil	Ich kann bei einfachen Aufgaben …	Aufgaben	Kreuze an. 0–2	3–4	5–6
I.	die Normalparabel und ihre Eigenschaft anwenden.	1, 2	☹	😐	☺
II.	Veränderungen der Normalparabel bestimmen.	3, 4, 5	☹	😐	☺
III.	Scheitelpunktform und Normalform einer Parabel bestimmen und nutzen.	6	☹	😐	☺

1 Kreuze die Anzahl der Lösungen der quadratischen Gleichungen an.

		eine Lösung	keine Lösung	zwei Lösungen
a)	$x^2 = 5$			x
b)	$x^2 = -4$		x	
c)	$x^2 = 0$	x		
d)	$x^2 - 2 = 7$			x
e)	$x^2 + 7 = -2$		x	
f)	$x^2 + 6 = 6$	x		

2 Löse die quadratischen Gleichungen grafisch. Forme zunächst die Gleichung um.

a) $x^2 + 2 = 4{,}25$ $x^2 = 2{,}25$

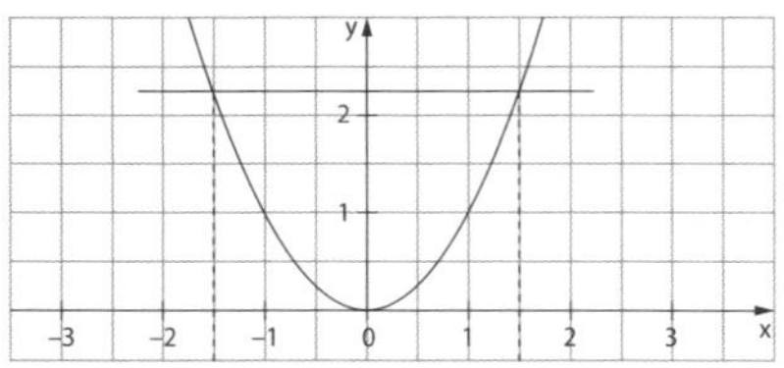

$x_1 = -1{,}5$ $x_2 = 1{,}5$

b) $0{,}5x^2 - 2 = -1$ $x^2 = 2$

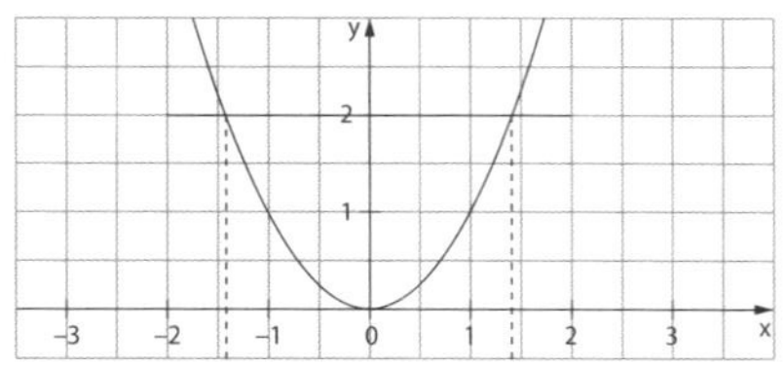

$x_1 \approx -1{,}4$ $x_2 \approx 1{,}4$

3 Gerd hat die beiden quadratischen Gleichungen gelöst. Finde alle Fehler und korrigiere sie.

a)
$10x^2 + 48 = 15x^2 + 28 \quad | -10x^2$
$48 = 5x^2 + 28 \quad | -28$
$20 = 5x^2 \quad | :5$
$(100) = x^2$
$\pm 10 = x$ f

$20 = 5x^2 \quad | :5$
$4 = x^2$
$x_1 = -2 \qquad x_2 = 2$

b)
$(5x + 2) \cdot (6x - 2) = 2x + 26$
$30x^2 - 10x + 12x (+4) = 2x + 26$
$30x^2 + 2x + 4 = 2x + 26 \quad | -4$
$30x^2 + 2x = 2x (+30) \quad | -2x$
$30x^2 = 30$
$(x) = 1$

$30x^2 - 10x + 12x - 4 = 2x + 26$
$30x^2 + 2x - 4 = 2x + 26 \quad | -2x + 4$
$30x^2 = 30 \quad | :30$
$x^2 = 1$
$x_1 = -1 \qquad x_2 = 1$

4 Ein Schulhof ist dreimal so lang wie breit. Der Flächeninhalt beträgt 972 m². Berechne die Maße des Schulhofs. Skizziere zunächst den Sachverhalt.

[Skizze: Rechteck mit $a = 3b$ und b]
$b \cdot 3b = 972$
$3b^2 = 972 \quad | :3$
$b^2 = 324 \quad \Rightarrow \quad b = 18\,m \quad \Rightarrow \quad a = 54\,m$

1 a) Vervollständige den Satz:
Ein Produkt ist dann null, wenn mindestens ein *Faktor* den Wert *NULL* hat.

b) Kreuze die Lösungen der quadratischen Gleichungen an und notiere die Lösungsmenge im Bereich der reellen Zahlen.

1	$(x - 7) \cdot x = 0$	☐ $x = -7$	☒ $x = 0$	☒ $x = 7$	☐ $x = \sqrt{7}$	$\mathbb{L} = \{0; 7\}$
2	$(3{,}5 + x) \cdot (x - 2{,}8) = 0$	☒ $x = 2{,}8$	☐ $x = 3{,}5$	☐ $x = 0$	☒ $x = -3{,}5$	$\mathbb{L} = \{-3{,}5; 2{,}8\}$
3	$(x + 8)^2 = 0$	☐ $x = 0$	☒ $x = -8$	☐ $x = 8^2$	☐ $x = 8$	$\mathbb{L} = \{-8\}$

c) Faktorisiere den Linksterm (durch Ausklammern, Anwendung der binomischen Formeln bzw. des Satzes von Vieta). Lies dann die Lösung(en) im Bereich der reellen Zahlen ab.

	Gleichung	faktorisiert	Lösung(en)	Lösungsmenge
a)	$x^2 + 11x = 0$	$x \cdot (x + 11) = 0$	$x_1 = 0,\ x_2 = -11$	$\mathbb{L} = \{-11; 0\}$
b)	$y^2 - 9y + 20{,}25 = 0$	$(y - 4{,}5)^2 = 0$	$y = 4{,}5$	$\mathbb{L} = \{4{,}5\}$
c)	$z^2 - z - 30 = 0$	$(z - 6) \cdot (z + 5) = 0$	$z_1 = 6,\ z_2 = -5$	$\mathbb{L} = \{-5; 6\}$

2 Bringe die quadratische Gleichung zuerst auf die Form $(x + d)^2 = e$ und bestimme dann die Lösungsmenge mithilfe von quadratischer Ergänzung.

a) $x^2 - 8x + 14 = -2x + 3 \quad | +2x \quad | -3$
$x^2 - 6x + 11 = 0$
$x^2 - 6x + 3^2 - 3^2 + 11 = 0$
$(x - 3)^2 + 2 = 0 \quad | -2$
$(x - 3)^2 = -2$
$e < 0 \Rightarrow \mathbb{L} = \{\}$

b) $-0{,}2x^2 - 0{,}8x + 4{,}2 = 0 \quad | :(-0{,}2)$
$x^2 + 4x - 21 = 0$
$x^2 + 4x + 2^2 - 2^2 - 21 = 0$
$(x + 2^2) - 25 = 0 \quad | +25$
$(x + 2)^2 = 25 \quad | \sqrt{\ }$
$x + 2 = \pm 5 \quad | -2$
$x_1 = 3,\ x_2 = -7 \Rightarrow \mathbb{L} = \{-7; 3\}$

3 Bringe die quadratische Gleichung (gegebenenfalls auf einem Extrablatt) auf Normalform. Zeichne dann die zugehörige quadratische Funktion und bestimme die Lösungsmenge durch Ablesen der Nullstellen.

$0{,}25 \cdot (5 - 12x^2) = -x \cdot (3{,}25x - 1{,}5)$

Normalform:
$x^2 - 6x + 5 = 0$

zugehörige Funktion:
$f(x) = x^2 - 6x + 5$

Nullstellen:
$x_1 = 1,\ x_2 = 5$

Lösungsmenge:
$\mathbb{L} = \{1; 5\}$

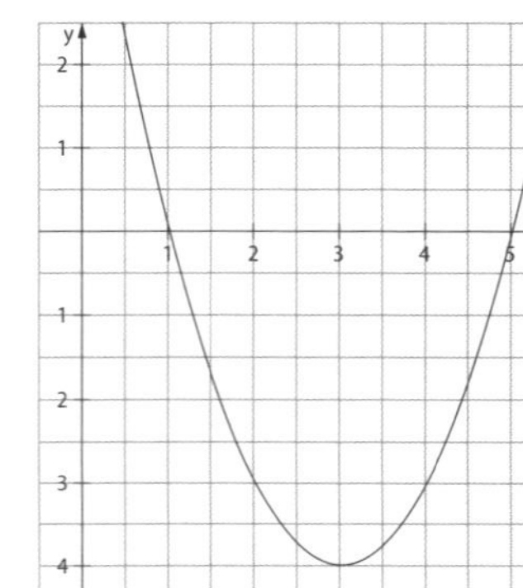

1 Ordne die Lösungsformel den entsprechenden Gleichungen zu. Löse anschließend die Gleichung ($\mathbb{D} = \mathbb{R}$).

a) $x^2 + 2x - 1 = 0$ b) $x^2 - 2x + 1 = 0$ c) $x^2 - 1x - 2 = 0$ d) $x^2 + 1x - 2 = 0$

$x_{1/2} = \frac{1}{2} \pm \sqrt{\left(\frac{-1}{2}\right)^2 + 2}$

$x_{1/2} = \frac{1}{2} \pm \sqrt{\frac{9}{4}}$

$x_1 = \frac{1}{2} - \frac{3}{2} = -\frac{2}{2} = -1$

$x_2 = \frac{1}{2} + \frac{3}{2} = \frac{4}{2} = 2$

$\mathbb{L} = \{-1; 2\}$

$x_{1/2} = -\frac{2}{2} \pm \sqrt{\left(\frac{2}{2}\right)^2 + 1}$

$x_{1/2} = -1 \pm \sqrt{2}$

$x_1 = -1 - \sqrt{2}$

$x_2 = -1 + \sqrt{2}$

$\mathbb{L} = \{-1-\sqrt{2}; -1+\sqrt{2}\}$

$x_{1/2} = \frac{2}{2} \pm \sqrt{\left(\frac{-2}{2}\right)^2 - 1}$

$x_{1/2} = 1 \pm \sqrt{0}$

$x_1 = 1$

$x_2 = 1$

Beide Lösungen sind gleich.

$\mathbb{L} = \{1\}$

$x_{1/2} = -\frac{1}{2} \pm \sqrt{\left(\frac{1}{2}\right)^2 + 2}$

$x_{1/2} = -\frac{1}{2} \pm \sqrt{\frac{9}{4}}$

$x_1 = -\frac{1}{2} - \frac{3}{2}$

$= -\frac{4}{2} = -2$

$x_2 = -\frac{1}{2} + \frac{3}{2} = \frac{2}{2} = 1$

$\mathbb{L} = \{-2; 1\}$

2 Ordne die Rechenschritte der Rechnung zu ($\mathbb{D} = \mathbb{R}$).

- Lösungsformel vereinfachen
- p und q identifizieren
- Ordnen und Zusammenfassen
- Lösen durch Fallunterscheidung
- Gleichung auf Normalform bringen
- p, q in Lösungsformel einsetzen
- Lösungsmenge angeben

$3x^2 + 4x - 8 = x^2 - 2x \quad | -x^2 + 2x$

$2x^2 + 6x - 8 = 0 \quad | :2$

$x^2 + 3x - 4 = 0$

$p = 3; q = -4$

$x_{1/2} = -\frac{3}{2} \pm \sqrt{\left(\frac{3}{2}\right)^2 - (-4)}$

$x_{1/2} = -\frac{3}{2} \pm \sqrt{\frac{25}{4}}$

$x_1 = -\frac{3}{2} - \frac{5}{2} = -\frac{8}{2} = -4;$

$x_2 = -\frac{3}{2} + \frac{5}{2} = \frac{2}{2} = 1$

$\mathbb{L} = \{-4; 1\}$

3 Bestimme die zugehörige quadratische Gleichung, wenn die Lösungsformel aufgestellt wurde.

a) $x_{1/2} = -\frac{3}{2} \pm \sqrt{\left(\frac{3}{2}\right)^2 + 5}$ x^2 $+ 3$ x $- 5$ $= 0$

b) $x_{1/2} = 2 \pm \sqrt{(2)^2 - \frac{3}{2}}$ x^2 $- 4$ x $+ \frac{3}{2}$ $= 0$

c) $x_{1/2} = -\frac{1}{3} \pm \sqrt{\left(\frac{1}{3}\right)^2 + 0{,}5}$ x^2 $\pm \frac{2}{3}$ x $- 0{,}5$ $= 0$

4 Berechne die Diskriminante der Gleichung und entscheide über die Anzahl der Lösungen. Bestimme anschließend die Lösungsmenge ($\mathbb{D} = \mathbb{R}$).

a) $x^2 - 6x + 9 = 0$	b) $x^2 - 6x + 12 = 0$	c) $\frac{1}{4}x^2 - 6x + 5 = 0$
$D = \left(-\frac{6}{2}\right)^2 - 9 = 0$	$D = \left(-\frac{6}{2}\right)^2 - 12 = -3$	$D = \left(-\frac{6}{2}\right)^2 - 5 = 4$
☐ keine Lösung ☒ eine Lösung ☐ zwei Lösungen	☒ keine Lösung ☐ eine Lösung ☐ zwei Lösungen	☐ keine Lösung ☐ eine Lösung ☒ zwei Lösungen
Bestimmung von $\mathbb{L}$: $x = \frac{6}{2} = 3$ *bzw.* $x = \frac{6}{2} \pm \sqrt{0}$ $= \frac{6}{2} = 3$ $\mathbb{L} = \{3\}$	Bestimmung von $\mathbb{L}$: $\mathbb{L} = \{\}$	Bestimmung von $\mathbb{L}$: $x_{1/2} = \frac{6}{2} \pm \sqrt{4}$ $x_1 = 3 - 2 = 1$ $x_2 = 3 + 2 = 5$ $\mathbb{L} = \{1; 5\}$

5 Ordne die richtigen Karten einander zu.

$x^2 + 9x + 18 = 0$ $4x^2 - 5x + 2 = 0$ $0{,}5x^2 + x - 40 = 0$ $\frac{1}{4}x^2 - x + 1 = 0$

$D = -\frac{7}{64}$ $D = 81$ $D = \frac{9}{4}$ $D = 0$

$\mathbb{L} = \{-6; -3\}$ $\mathbb{L} = \{2\}$ $\mathbb{L} = \{\}$ $\mathbb{L} = \{-10; 8\}$

6 a) Bestimme für die Gleichung $x^2 - 4x + q = 0$ die Diskriminante D: $D = \left(-\frac{4}{2}\right)^2 - q = 4 - q$

b) Bestimme alle Werte für q so, dass die Gleichung $x^2 - 4x + q = 0$ …

1 keine Lösung hat.	2 eine Lösung hat.	3 zwei Lösungen hat.
$D < 0: 4 - q < 0$ $q > 4$	$D = 0: 4 - q = 0$ $q = 4$	$D > 0: 4 - q > 0$ $q < 4$

1 Ordne den Wurzelgleichungen die passende Definitionsmenge zu.

$5\sqrt{x} = 4$ | $\sqrt{3x - 4{,}5} + 2 = 10$ | $\sqrt{9 - 2x} = \sqrt{8x}$ | $-7\sqrt{x - 5} = 4 - \sqrt{0{,}5x + 2}$

$\mathbb{D} = [0; 4{,}5]$ | $\mathbb{D} = \mathbb{R}_0^+$ | $\mathbb{D} = \{x \mid x \geq 1{,}5\}$ | $\mathbb{D} =]-4; 5[$ | $\mathbb{D} = [3; 4{,}5]$ | $\mathbb{D} = \{x \mid x \geq 5\}$ | $\mathbb{D} = \{x \mid x < 0\}$

2 Hier stimmt doch was nicht. Markiere die Fehler und verbessere anschließend.

$\sqrt{x + 2} + 11 = 4 \quad | -11 \qquad \mathbb{D} = \{x \mid x > -2\}$

$\sqrt{x + 2} = -7 \quad |^2$

$x + 2 = 49 \quad | -2$

$x = 47$

$\mathbb{L} = \{47\}$

$\mathbb{D} = \{x \mid x \geq -2\}$

Probe: $\sqrt{47 + 2} + 11 = 4$

$7 + 11 = 4$ (falsch)

$\Rightarrow \mathbb{L} = \{\ \}$

3 Ermittle die Definitions- und Lösungsmenge im Bereich der reellen Zahlen. Mache die Probe auf einem Extrablatt.

a) $\sqrt{x - 4{,}5} = 3 \quad |^2$	b) $\sqrt{x^2 - 5} = 2 \quad |^2$	c) $\sqrt{x + 6} = \sqrt{6x - 15} \quad |^2$
$\mathbb{D} = \{x \mid x \geq 4{,}5\}$	$\mathbb{D} = \mathbb{R} \setminus]-\sqrt{5}; \sqrt{5}[$	$\mathbb{D} = \{x \mid x \geq 2{,}5\}$
Rechnung: $x - 4{,}5 = 9 \quad | +4{,}5$ $x = 13{,}5$	Rechnung: $x^2 - 5 = 4 \quad | +5$ $x^2 = 9$ $x_1 = -3, x_2 = 3$	Rechnung: $x + 6 = 6x - 15 \quad | -x \; | +15$ $21 = 5x \quad | :5$ $x = 4{,}2$
Probe durchgeführt: [x] ja	Probe durchgeführt: [x] ja	Probe durchgeführt: [x] ja
$\mathbb{L} = \{13{,}5\}$	$\mathbb{L} = \{-3; 3\}$	$\mathbb{L} = \{4{,}2\}$

4 Löse die Wurzelgleichung im Bereich der reellen Zahlen und mache die Probe.

$\sqrt{5x + 1} + 2x = 20 \quad | -2x$

$\sqrt{5x + 1} = 20 - 2x \quad |^2$

$5x + 1 = 400 - 80x + 4x^2 \quad | -5x \; | -1$

$0 = 4x^2 - 85x + 399 \quad | :4$

$0 = x^2 - \frac{85}{4} + \frac{399}{4}, \; p = -\frac{85}{4} \; q = \frac{399}{4}$

$D = \left(\frac{p}{2}\right)^2 - q = \left(-\frac{85}{8}\right)^2 - \frac{399}{4} = \frac{841}{64}$

$\mathbb{D} = \{x \mid x \geq -0{,}2\}$

$x_{1/2} = -\frac{p}{2} \pm \sqrt{D} = \frac{85}{8} \pm \frac{29}{8}$

$x_1 = 14{,}25, \; x_2 = 7$

Probe: $\sqrt{5 \cdot 14{,}25 + 1} + 2 \cdot 14{,}25 = 20$

$37 = 20$ (falsch)

$\sqrt{5 \cdot 7 + 1} + 2 \cdot 7 = 20$

$20 = 20$ (wahr)

$\mathbb{L} = \{7\}$

1 Ordne den Graphen das Gleichungssystem und dessen Lösungsmenge zu.

$f(x) = 2x^2 - 8x + 8{,}5$, $g(x) = -x + 2$ | $f(x) = x^2 - 2x$, $g(x) = -x + 2$ | $f_1(x) = x^2 - 3x + 2{,}25$, $f_2(x) = -1{,}5(x - 1{,}5)^2 + 2{,}5$ | $f_1(x) = x^2 - 5x + 6{,}25$, $f_2(x) = -x^2 + x + 1{,}75$

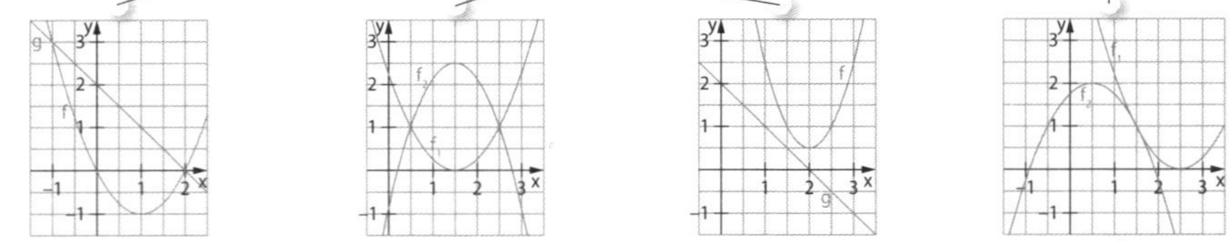

$\mathbb{L} = \{(0|0); (2|0)\}$ | $\mathbb{L} = \{(0{,}5|1); (2{,}5|1)\}$ | $\mathbb{L} = \{(-1|3); (2|0)\}$ | $\mathbb{L} = \{(1{,}5|1)\}$ | $\mathbb{L} = \{\ \}$

2 a) Die x-Koordinaten der Schnittpunkte zweier Parabeln (bzw. einer Geraden und einer Parabel) sollen berechnet werden. In welcher Reihenfolge müssen die Schritte ausgeführt werden? Nummeriere mit den Ziffern 1 bis 6.

4 Diskriminante berechnen	3 quadratische Gleichung in Nomalform
6 Lösungsmenge angeben	1 Gleichungssysteme aufstellen
2 Funktionsgleichungen gleichsetzen	5 Lösungsformel anwenden

b) Ergänze die Schritte 2 bis 6 aus Teilaufgabe a). Nutze gegebenenfalls ein Extrablatt.

1	
1	$g(x) = -x - 1{,}5$ $f(x) = -x^2 - 2x + 4{,}5$
2	$-x - 1{,}5 = -x^2 - 2x + 4{,}5$
3	$x^2 + x - 6 = 0$
4	$D = \left(\frac{1}{2}\right)^2 + 6 = \frac{25}{4}$
5	$x_{1/2} = -\frac{p}{2} \pm \sqrt{D} = -\frac{1}{2} \pm \frac{5}{2}$ $x_1 = 2, x_2 = -3$
6	$\mathbb{L} = \{-3; 2\}$

2	
1	$f_1(x) = -0{,}5x^2 - x + 3$ $f_2(x) = 1{,}5x^2 + 5x - 5$
2	$-0{,}5^2 - x + 3 = 1{,}5x^2 + 5x - 5$
3	$x^2 + 3x - 4 = 0$
4	$D = \left(\frac{3}{2}\right)^2 + 4 = \frac{25}{4}$
5	$x_{1/2} = -\frac{p}{2} \pm \sqrt{D} = \frac{3}{2} \pm \frac{5}{2}$ $x_1 = 1, x_2 = -4$
6	$\mathbb{L} = \{-4; 1\}$

c) Kreuze die richtige Aussage an.
Eine Gerade und eine Parabel schneiden sich in den x-Werten x_1 und x_2. Wenn man die y-Koordinaten der Schnittpunkte berechnen soll, …

- [ ] muss man x_1 in die Geradengleichung und x_2 in die Parabelgleichung einsetzen.
- [ ] muss man x_1 und x_2 in dieselbe Funktionsgleichung einsetzen.
- [x] kann man frei wählen, in welche Funktionsgleichung man x_1 bzw. x_2 einsetzen will.

I. Quadratische Gleichungen ohne Hilfsmittel lösen

1 Kreuze die Lösungen der quadratischen Gleichung an.

a)	$x^2 - 9 = 0$	☐ x = −9	☒ x = −3	☐ x = 0	☒ x = 3	☐ x = 9
b)	$(x-4)\cdot(x-5) = 0$	☐ x = −5	☐ x = −4	☐ x = 0	☒ x = 4	☒ x = 5
c)	$x\cdot\left(x-\frac{1}{2}\right) = 0$	☐ x = −2	☐ $x = -\frac{1}{2}$	☒ x = 0	☒ $x = \frac{1}{2}$	☐ x = 2
d)	$0 = (1-4x)\cdot x$	☐ x = −4	☐ $x = -\frac{1}{4}$	☒ x = 0	☒ x = 0,25	☐ x = 1
e)	$x^2 - 2{,}25 = 0$	☐ x = −2,25	☒ x = −1,5	☐ x = 0	☒ x = 1,5	☐ x = 2,25
f)	$x^2 - 2x + 1 = 0$	☐ x = −2	☐ x = −1	☐ x = 0	☒ x = 1	☐ x = 2

✓ ☐ ☐

2 Bestimme die Lösungsmenge der quadratischen Gleichung ($\mathbb{D} = \mathbb{R}$). Die Ergebnisse ergeben der Reihe nach ein englisches Lösungswort.

a)	$x^2 - 25 = 0$	$\mathbb{L} = \{-5; 5\}$
b)	$x^2 - 9x = 0$	$\mathbb{L} = \{0; 9\}$
c)	$100x^2 - 1 = 0$	$\mathbb{L} = \{-0{,}1; 0{,}1\}$
d)	$(3x-1)\cdot(4x+4) = 0$	$\mathbb{L} = \{-1; \frac{1}{3}\}$
e)	$x^2 + 10x = -25$	$\mathbb{L} = \{-5\}$
f)	$2x^2 - 288 = 0$	$\mathbb{L} = \{-12; 12\}$
g)	$3x^2 - 12x = 3x$	$\mathbb{L} = \{0; 5\}$
h)	$x^2 + 4x = 2\cdot(2x+1) + x^2$	$\mathbb{L} = \{\}$

O $\mathbb{L} = \{0; 5\}$ T $\mathbb{L} = \{-5\}$ E $\mathbb{L} = \{-5; 5\}$ N $\mathbb{L} = \{\}$ I $\mathbb{L} = \{-12; 12\}$ A $\mathbb{L} = \{-1; \frac{1}{3}\}$ Q $\mathbb{L} = \{0; 9\}$ U $\mathbb{L} = \{-0{,}1; 0{,}1\}$

Lösungswort: E Q U A T I O N

☐ ☐ ☐ ☐

II. Quadratische Gleichungen mit der Lösungsformel lösen

✓

3 Hier haben sich doch Fehler beim Lösen mit der Lösungsformel eingeschlichen. Markiere die Fehler und verbessere die Anwendung der Lösungsformel ($\mathbb{D} = \mathbb{R}$).

a) $x^2 - 3x + 2 = 0$	b) $x^2 - 2{,}5x - 2{,}1 = 0{,}9$
$p = -3;\ q = 2$ $x_{1/2} = -\frac{③}{2} \pm \sqrt{\left(\frac{-3}{2}\right)^2 - 2}$	$p = ⓶{,}⑤;\ q = (-2{,}1)$ $x_{1/2} = -\frac{2{,}5}{2} \pm \sqrt{\left(\frac{2{,}5}{2}\right)^2 + 2{,}1}$
Verbesserung: p = −3 ; q = 2 $x_{1/2} = -\frac{(-3)}{2} \pm \sqrt{\left(\frac{-3}{2}\right)^2 - 2}$	Verbesserung: p = −2,5 ; q = −3 $x_{1/2} = -\frac{(-2{,}5)}{2} \pm \sqrt{\left(\frac{-2{,}5}{2}\right)^2 - (-3)}$

☐ ☐

4 Bestimme die Lösungsmenge der Gleichung ($\mathbb{D} = \mathbb{R}$). Beschreibe dein Vorgehen.

✓

$(x-3)\cdot(x^2 - 4x + 1) = 0$

$x_1 = 3;\ x^2 - 4x + 1 = 0$

$x_{2/3} = \frac{4}{2} \pm \sqrt{\left(\frac{4}{2}\right)^2 - 1}$

$x_{2/3} = 2 \pm \sqrt{3}$

$x_2 = 2 - \sqrt{3};\ x_3 = 2 + \sqrt{3}$

$\mathbb{L} = \{3; 2-\sqrt{3}; 2+\sqrt{3}\}$

Lösungsmöglichkeit: Durch die Zerlegung in Faktoren lässt sich eine Lösung direkt bestimmen ($x_1 = 3$). Die anderen beiden Lösungen werden durch Anwendung der Lösungsformel auf den 2. Faktor bestimmt.

☐ ☐ ☐ ☐

III. Systeme mit quadratischen Gleichungen auf verschiedene Arten lösen

✓

5 Bestimme die gemeinsamen Punkte der Parabel und der Geraden grafisch und rechnerisch.

a) $f(x) = x^2$
$g(x) = 0{,}5x + 3$

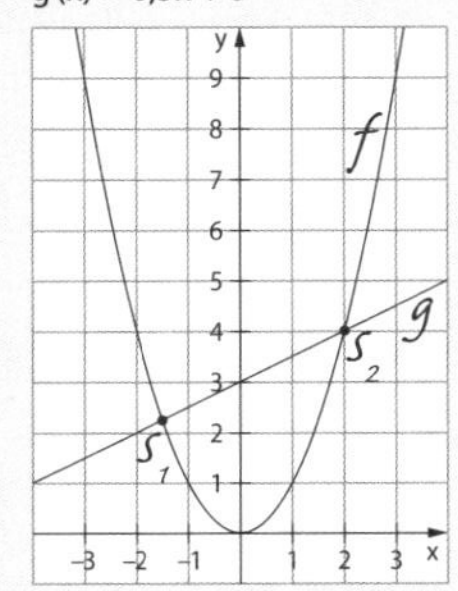

$f(x) = g(x)$
$x^2 = 0{,}5x + 3$
$x^2 - 0{,}5x - 3 = 0$
$\Rightarrow x_1 = -1{,}5;\ x_2 = 2$

$S_1(-1{,}5 \mid 2{,}25),\ S_2(2 \mid 4)$

b) $f(x) = x^2 - 4$
$g(x) = x + 2$

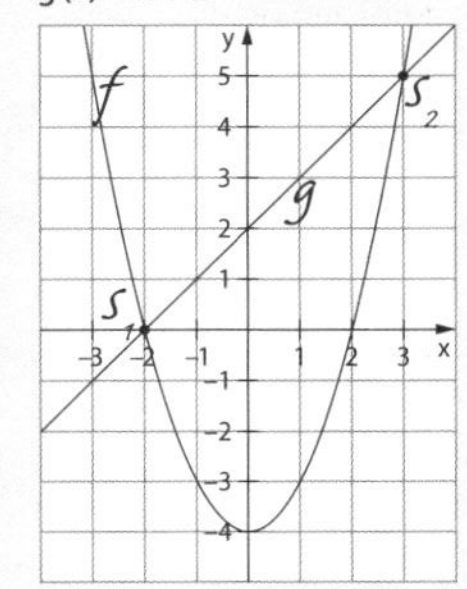

$f(x) = g(x)$
$x^2 - 4 = x + 2$
$x^2 - x - 6 = 0$
$\Rightarrow x_1 = -2;\ x_2 = 3$

$S_1(-2 \mid 0),\ S_2(3 \mid 5)$

☐ ☐ ☐ ☐ ☐ ☐

Teil	Ich kann bei einfachen Aufgaben ...	Aufgaben	Kreuze an. 0–2	3–4	5–6
I.	quadratische Gleichungen ohne Hilfsmittel lösen.	1, 2	☹	😐	☺
II.	quadratische Gleichungen mit der Lösungsformel lösen.	3, 4	☹	😐	☺
III.	Systeme mit quadratischen Gleichungen auf verschiedene Arten lösen.	5	☹	😐	☺

1 Berechne die fehlenden Größen.

	a)	b)	c)	d)	e)
r	25 cm	0,36 dm	7,0 m	5,2 km	1,20 mm
d	50 m	0,72 dm	14,0 m	10,4 m	2,40 mm
α	210°	302°	355°	189,5°	12,73°
b	92 cm	1,90 dm	43,4 m	17,2 km	0,27 mm
A_{Sektor}	1145 cm²	0,34 dm²	151,8 m²	44,7 km²	0,16 mm²
u_{Sektor}	142 cm (2 · r + b)	2,62 dm	57,4 m	27,6 km	2,67 mm

2 Eine Auto-Teststrecke setzt sich aus Strecken und Kreisbögen zusammen. Die Maße sind im Plan angegeben. Berechne die Länge der Teststrecke.

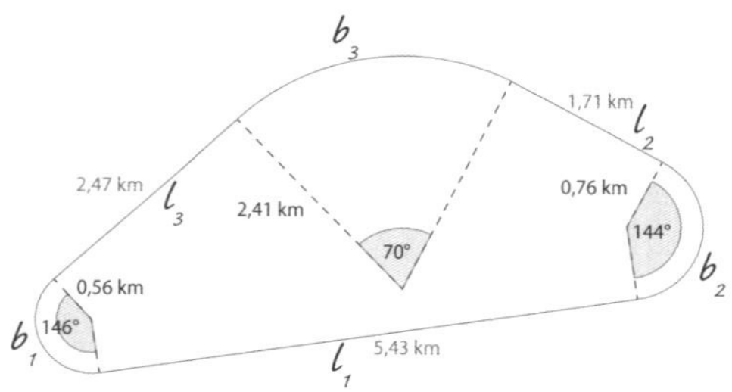

$b_1 = \frac{146°}{360°} \cdot 2 \cdot 0{,}56\ km \cdot \pi \approx 1{,}43\ km$

$b_2 = \frac{144°}{360°} \cdot 2 \cdot 0{,}76\ km \cdot \pi \approx 1{,}91\ km$

$b_3 = \frac{70°}{360°} \cdot 2 \cdot 2{,}41\ km \cdot \pi \approx 2{,}94\ km$

$l_{ges} = b_1 + b_2 + b_3 + l_1 + l_2 + l_3$

$= 1{,}43\ km + 1{,}91\ km + 2{,}94\ km + 5{,}43\ km + 1{,}71\ km + 2{,}47\ km = 15{,}89\ km$

3 Beim Verkehrsschild „Verbot für Fahrzeuge aller Art" ist die Fläche in zwei weiße und eine rote Fläche unterteilt.
Die schwarze Randeinfassung kann hier vernachlässigt werden.
Berechne den prozentualen Anteil der roten Fläche an der Gesamtfläche.
Runde alle Flächeninhalte auf ganze cm².

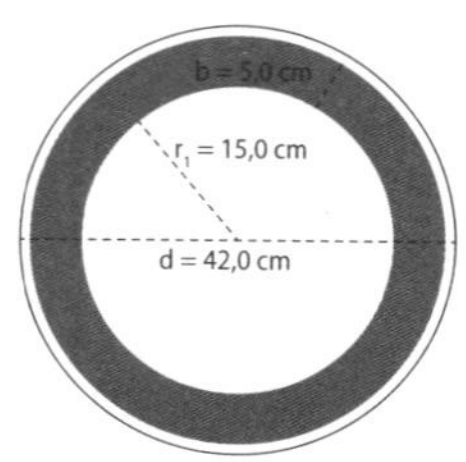

kleiner Kreis: $A_0 = r_1^2 \cdot \pi = (15\ cm)^2 \cdot \pi = 707\ cm^2$

Ring rot: $A_R = A_2 - A_0$

$r_2 = r_1 + b = 20\ cm$

$A_2 = r_2^2 \cdot \pi = (20\ cm)^2 \cdot \pi = 1257\ cm^2$

$A_R = 1257\ cm^2 - 707\ cm^2 = 550\ cm^2$

Gesamtfläche: $A_{ges} = \left(\frac{d}{2}\right)^2 \cdot \pi = (21\ cm)^2 \cdot \pi = 1385\ cm^2$

Prozentualer Anteil: $p\ \% = \frac{A_R}{A_{ges}} = \frac{550\ cm^2}{1385\ cm^2} = 0{,}40 = 40\ \%$

1 Berechne das Volumen der kugelförmigen Gegenstände. Runde auf eine Dezimalstelle.

a) Murmel

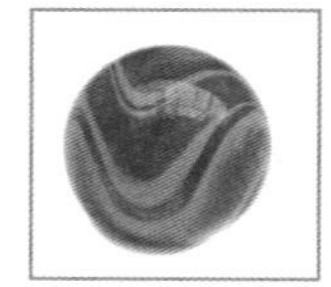

← 16 mm →

V = 2144,7 mm³

b) Sitzball

← 8 dm →

V = 268,1 dm³

c) Eiskugel

← 4,5 cm →

V = 47,7 cm³

d) Zorbing-Ball

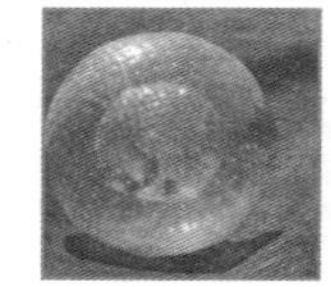

← 3,1 m →

V = 15,6 m³

e) Gastank

← 22,5 m →

V = 5964,1 m³

2 Berechne die fehlenden Größen einer Kugel.

	a)	b)	c)	d)	e)	f)
r	3 cm	45 mm	60 dm	5,6 m	553,2 km	2,7 mm
d	6 cm	90 mm	120 dm	11,2 m	1106,4 km	5,4 mm
u	18,8 cm	282,7 mm	377 dm	35,2 m	3476 km	17,0 mm
V	113,1 cm³	381 704 mm³	904 779 dm³	735,6 m³	709145128 km³	82,4 mm³

3 Bowlingkugeln können unterschiedlich groß und verschieden schwer sein. Ihr Umfang darf jedoch nicht mehr als 27 Zoll betragen (1 Zoll = 2,54 cm).

a) Gib den Radius der größtmöglichen Kugel in Zoll und cm an.

$u = 2\pi \cdot r \qquad r = \frac{27\ Zoll}{2 \cdot \pi} \approx 4{,}3\ Zoll$

$r = 4{,}3 \cdot 2{,}54\ cm \approx 10{,}9\ cm$

r = 4,3 Zoll r = 10,9 cm

b) Wie schwer ist die Bowlingkugel aus a), wenn 1 dm³ des Kugelmaterials 1,32 kg wiegt? Die Grifflöcher können vernachlässigt werden.

$V = \frac{4}{3}\pi \cdot r^3 \qquad V = \frac{4}{3} \cdot \pi \cdot (10{,}9\ cm)^3 \approx 5425\ cm^3$

$V = 5425\ cm^3 = 5{,}425\ dm^3$

$m = 5{,}425 \cdot 1{,}32\ kg \approx 7{,}2\ kg$

m_{Kugel} = 7,2 kg

4 Eine Schneekugel hat einen Innendurchmesser von 8,6 cm. Die in der Kugel enthaltene Figur nimmt 18 % des gesamten Innenvolumens ein. Wie viele Milliliter Wasser können eingefüllt werden, damit die Kugel ohne Luftblasen verschlossen werden kann?

$V_{Kugel} = \frac{4}{3}\pi \cdot (4{,}3\ cm)^3 \approx 333\ cm^3$

$V_{Figur} = 0{,}18 \cdot 333\ cm^3 \approx 60\ cm^3$

$V_{Wasser} = V_{Kugel} - V_{Figur} = 333\ cm^3 - 60\ cm^3 = 273\ cm^3$

V_{Wasser} = 273 ml

1 Berechne den Oberflächeninhalt der kugelförmigen Gegenstände. Runde auf eine Dezimalstelle.

a) Weihnachtskugel

← 7 cm →

A_O = *153,9* cm²

b) Seifenblase

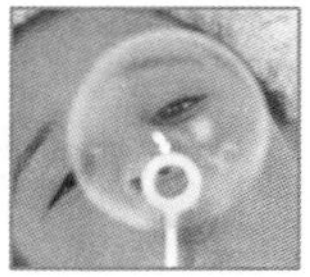

← 5,4 cm →

A_O = *91,6* cm²

c) Fußball

← 21,8 cm →

A_O = *14,9* dm²

d) Riesenballon

← 210 cm →

A_O = *13,9* m²

e) Kuppel

← 26 m →

A_O = *1061,9* m²

2 Berechne die fehlenden Größen der Kugel. Runde gegebenenfalls geeignet.

	a)	b)	c)	d)	e)	f)
r	20 cm	*7 mm*	*4,0 m*	*9,0 m*	1,5 mm	*4,2 dm*
d	*40 cm*	14 mm	*8,0 m*	*18,0 m*	*3 mm*	*8,4 dm*
u	*125,7 cm*	*44,0 mm*	25,12 m	*56,5 m*	*9,4 mm*	*26,4 dm*
A_O	*5027 cm²*	*615,8 mm²*	*201,1 m²*	1017,88 m²	*28,3 mm²*	221,67 dm²
V	*33510 cm³*	*1436,8 mm³*	*268,1 m³*	*3053,6 m³*	*14,1 mm³*	*310,3 dm³*

3 Ein Tennisball hat einen Umfang von 21,2 cm, ein Tischtennisball hat einen Durchmesser von 40 mm.

a) Berechne den Inhalt der Oberfläche beider Bälle.

Tennisball: $r = \frac{21{,}2\,cm}{2 \cdot \pi} \approx 3{,}4\,cm \quad A_o \approx 145{,}3\,cm^2$

Tischtennisball: $r = 20\,mm = 2\,cm \quad A_o \approx 50{,}3\,cm^2$

b) Der Oberflächeninhalt des Tischtennisballs beträgt etwa *34,6* % des Oberflächeninhalts des Tennisballs.

4 Kreuze die richtige Antwort an. Du kannst auch mit dem Radius r = 1 cm ausprobieren.

a) Wenn sich der Radius einer Kugel verdoppelt, dann …	☐	verdoppelt sich ihr Oberflächeninhalt.
	☒	vervierfacht sich ihr Oberflächeninhalt.
	☐	verachtfacht sich ihr Oberflächeninhalt.
b) Wenn sich der Radius einer Kugel verdreifacht, dann …	☐	verdreifacht sich ihr Oberflächeninhalt.
	☐	versechsfacht sich ihr Oberflächeninhalt.
	☒	verneunfacht sich ihr Oberflächeninhalt.
c) Wenn sich der Radius einer Kugel verzehnfacht, dann …	☐	verzehnfacht sich ihr Oberflächeninhalt.
	☐	verzwanzigfacht sich ihr Oberflächeninhalt.
	☒	verhundertfacht sich ihr Oberflächeninhalt.
d) Wenn sich der Radius einer Kugel verdoppelt, dann …	☐	verdoppelt sich ihr Volumen
	☐	vervierfacht sich ihr Volumen.
	☒	verachtfacht sich ihr Volumen.

1 Gib an, aus welchen Teilkörpern die Körper bestehen und berechne dann das gesamte Volumen.

a) Mülleimer

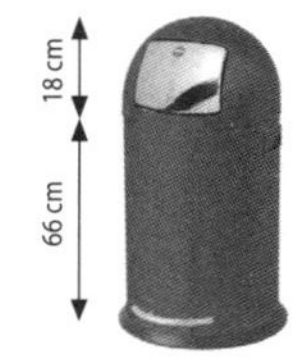

Zylinder, Halbkugel

Volumen:

$V_{Zylinder} = \pi \cdot (18\,cm)^2 \cdot 66\,cm$

$V_{Zylinder}$ *67 180 cm³ ≈ 67,2 l*

$V_{Halbkugel} = \frac{1}{2} \cdot \frac{4}{3} \cdot \pi \cdot (18\,cm)^3$

$V_{Halbkugel} \approx 12\,215\,cm^3 \approx 12{,}2\,l$

V = *79,4* l

b) Spardose

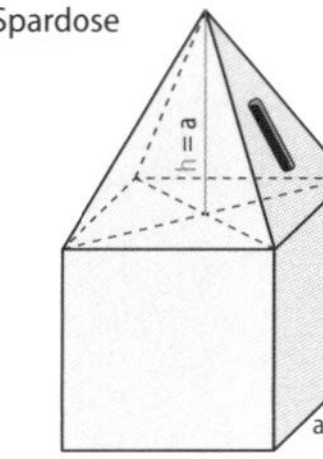

Würfel, quadratische Pyramide

Volumen:

$V_{Würfel} = (6{,}5\,mm)^3$

$V_{Würfel} \approx 274{,}6\,cm^3$

$V_{Pyramide} = \frac{1}{3} \cdot (6{,}5\,mm)^2 \cdot 6{,}5\,mm$

$V_{Pyramide} \approx 91{,}5\,cm^3$

V = *366,1* cm³

c) Straßenstreuer

Zylinder, Kegel

Volumen:

$V_{Zylinder} = \pi \cdot (0{,}7\,m)^2 \cdot 0{,}6\,m$

$V_{Zylinder} \approx 0{,}924\,m^3 = 924\,l$

$V_{Kegel} = \frac{1}{3} \cdot \pi \cdot (0{,}7\,m)^2 \cdot 1\,m$

$V_{Kegel} \approx 0{,}513\,m^3 = 513\,l$

V = *1437* l

2 a) Gib an, aus welchen geometrischen Körpern sich der abgebildete Kreisel zusammensetzt.

Kegel, *Zylinder*, *Halbkugel*

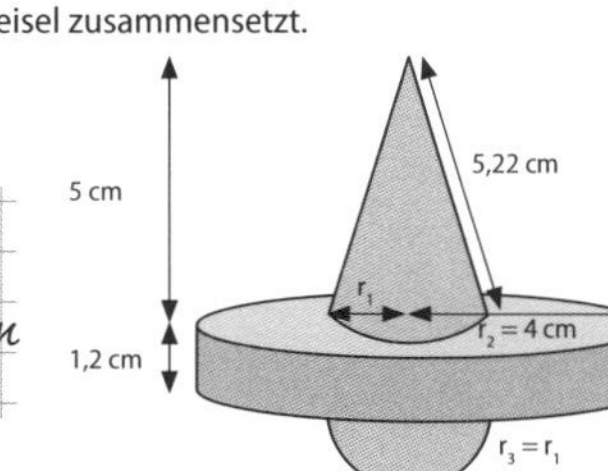

b) Bestimme den Radius r_1.

$r_1^2 = s^2_{Kegel} - h^2_{Kegel}$

$r_1^2 = (5{,}22\,cm)^2 - (5\,cm)^2 \approx 2{,}25\,cm^2 \quad r_1 = 1{,}5\,cm$

c) Aus welchen Teilflächen besteht der Oberflächeninhalt des Kreisels?

A_O Kreisel = $A_{M\,Kegel}$ + $A_{O\,Zylinder}$ + $A_{O\,Halbkugel}$ − 2 · $A_{G\,Kegel}$

d) Berechne den Oberflächeninhalt des Kreisels.

$A_{M\,Kegel} = \pi \cdot r_1 \cdot s_{Kegel} = \pi \cdot 1{,}5\,cm \cdot 5{,}22\,cm \approx 24{,}6\,cm^2$

$A_{O\,Zylinder} = 2\pi \cdot r_2^2 + 2\pi \cdot r_2 \cdot h_{Zylinder} = 2 \cdot \pi \cdot (4\,cm)^2 + 2 \cdot \pi \cdot 4\,cm \cdot 1{,}2\,cm \approx 130{,}7\,cm^2$

$A_{O\,Halbkugel} = \frac{1}{2} \cdot 4\pi \cdot r_3^2 = 2 \cdot \pi \cdot (1{,}5\,cm)^2 \approx 14{,}1\,cm^2$

$A_{G\,Kegel} = \pi \cdot r_1^2 = \pi \cdot (1{,}5\,cm)^2 \approx 7{,}1\,cm^2$

$A_{O\,Kreisel} = 155{,}2\,cm^2$

I. Den Flächeninhalt von Kreis und Kreisteilen berechnen

1 Eva, Tim und Lena teilen sich eine Pizza mit einem Durchmesser von 40 cm. Allerdings sind die Stücke nicht gleich groß. Tims Pizzastück hat eine Bogenlänge von 45 cm. Evas Pizzastück hat einen Mittelpunktswinkel von 118°.

a) Beschrifte die Skizzen mit den bekannten Maßen.

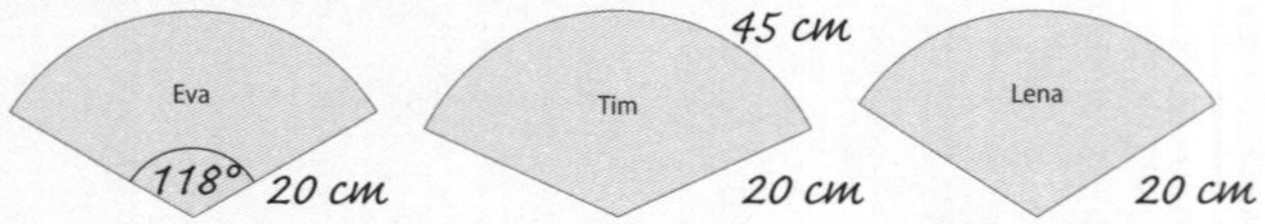

b) Wer hat das größte Stück? Berechne jeweils den Flächeninhalt (auf ganze cm² gerundet).

Eva: $A_{Eva} = \frac{\alpha}{360°} \cdot r^2\pi = \frac{118°}{360°} \cdot (20\ cm)^2 \cdot \pi = 412\ cm^2$

Tim: $b = \frac{\alpha}{360°} \cdot 2r\pi \Leftrightarrow \alpha = b \cdot \frac{360°}{2r\pi} = \frac{45\ cm \cdot 360°}{2 \cdot 20\ cm \cdot \pi} = 128{,}9°$

$A_{Tim} = \frac{\alpha}{360°} \cdot r^2\pi = \frac{128{,}9°}{360°} \cdot (20\ cm)^2 \cdot \pi = 450\ cm^2$

Lena: ganze Pizza: $A_0 = r^2\pi = (20\ cm)^2 \cdot \pi = 1257\ cm^2$

$A_{Lena} = A_0 - A_{Eva} - A_{Tim} = 1257\ cm^2 - 412\ cm^2 - 450\ cm^2 = 395\ cm^2$

Tim hat das größte Stück.

2 Ein Leuchtturm hat zwei „Umlaufbalkone“. Berechne die Flächeninhalte der Balkone. Bekannt sind folgende Maße:

	Balkondurchmesser	Turmdurchmesser
oberer Balkon:	6,0 m	4,2 m
unterer Balkon:	6,9 m	4,5 m

$A_{oberer\ Balkon} = (6{,}0\ m)^2 \cdot \pi - (4{,}2\ m)^2 \cdot \pi = 57{,}7\ m^2$

$A_{unterer\ Balkon} = (6{,}9\ m)^2 \cdot \pi - (4{,}5\ m)^2 \cdot \pi = 86\ m^2$

II. Das Volumen und Oberflächeninhalt einer Kugel berechnen

3 Berechne die fehlenden Größen einer Kugel. Runde geeignet.

	a)	b)	c)	d)
r	1,22 m	43,2 mm	10,4 cm	6,6 m
V_{Kugel}	7,61 m³	337706,8 mm³	4673 cm³	1221,5 m³
$A_{O\ Kugel}$	18,7 m²	23451,9 mm²	1351,7 cm²	552,6 m²

4 Eine Schale mit den angegebenen Maßen hat die dargestellte Form. Bestimme das Volumen für das Material, um die Form zu gießen.

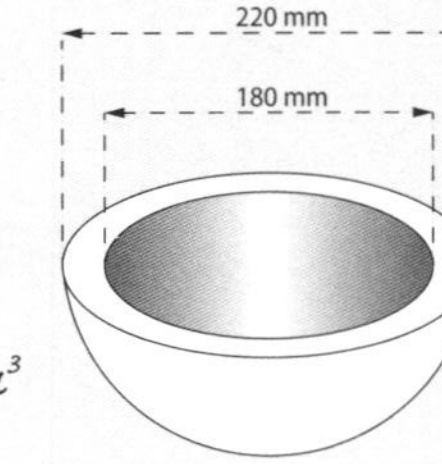

$r_1 = \frac{180\ mm}{2} = 9\ cm,\ r_2 = \frac{220\ mm}{2} = 11\ cm$

$V = V_2 - V_1 = \frac{2}{3}\pi \cdot (r_2^3 - r_1^3)$

$= \frac{2}{3}\pi \cdot ((11\ cm)^3 - (9\ cm)^3) \approx 1260{,}8\ cm^3$

5 Ein Messbecher hat die Form eines Zylinders und ist mit Wasser gefüllt. Sein Durchmesser beträgt innen 8,5 mm. Der Wasserpegel in dem Zylinder steigt um 2,4 cm, wenn man eine Stahlkugel hineinlegt. Bestimme den Durchmesser der Kugel.

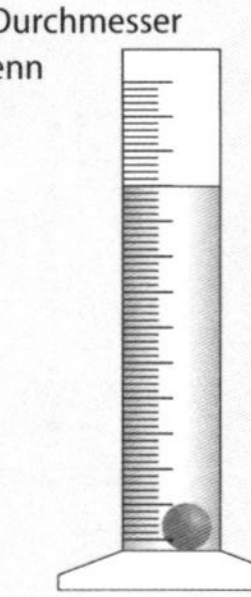

$r_Z = \frac{8{,}5\ mm}{2} = 4{,}25\ mm,\ h_{Anstieg} = 2{,}4\ cm = 24\ mm$

$V_{Anstieg} = \pi \cdot r_Z^2 \cdot h_{Anstieg},\ V_{Kugel} = \frac{4}{3}\pi r^3$

Es muss gelten $V_{Anstieg} = V_{Kugel}$. Es folgt:

$r = \sqrt[3]{\frac{3 \cdot r_Z^2 \cdot h_{Anstieg}}{4}} \Rightarrow d = 2r \approx 13{,}75\ mm$

III. Gesuchte Größen bei zusammengesetzten Körpern bestimmen

6 Bestimme Volumen und Oberflächeninhalt der Körper. Runde geeignet.

a) r = 7 cm, h = 15 cm

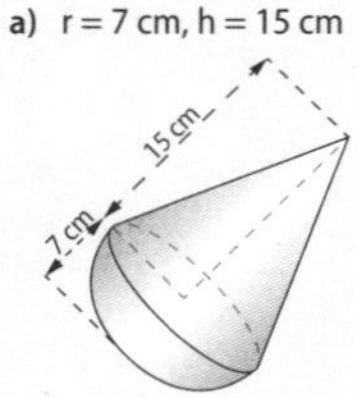

V = 1488,1 cm³

A_O = 671,9 cm²

b) r = 25 cm

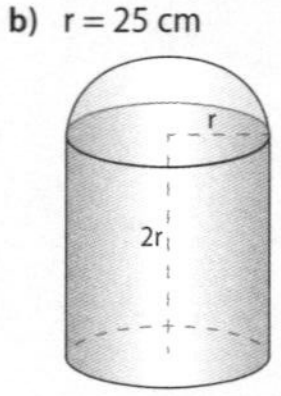

V = 130,9 dm³

A_O = 137,4 dm²

c) d = 60 mm

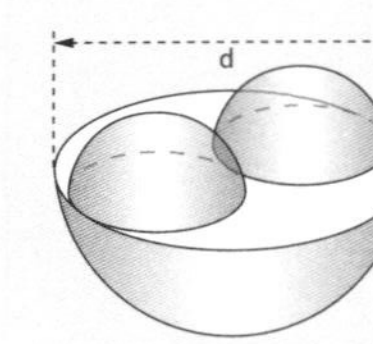

V = 70,7 cm³

A_O = 99 cm²

Teil	Ich kann bei einfachen Aufgaben …	Aufgaben	Kreuze an. 0–2	3–4	5–6
I.	den Flächeninhalt von Kreis und Kreisteilen berechnen.	1, 2	☹	😐	☺
II.	das Volumen und den Oberflächeninhalt einer Kugel berechnen.	3, 4, 5	☹	😐	☺
III.	gesuchte Größen bei zusammengesetzten Körpern bestimmen.	6	☹	😐	☺

1 Markiere für den angegebenen Winkel die Ankathete in blau, die Gegenkathete in grün und die Hypotenuse in rot. Schreibe den Sinus, Kosinus und Tangens als Verhältnis der Seitenlängen.

a)

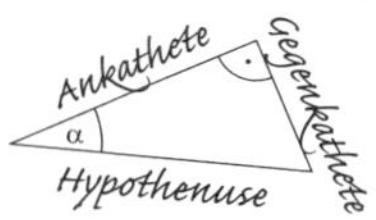

$\sin\alpha = \frac{s}{r}$

$\cos\alpha = \frac{t}{r}$

$\tan\alpha = \frac{s}{t}$

b)

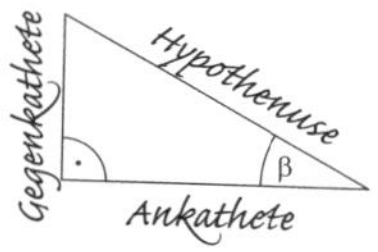

$\sin\beta = \frac{w}{v}$

$\cos\beta = \frac{u}{v}$

$\tan\beta = \frac{w}{u}$

c)

$\sin\gamma = \frac{x}{z}$

$\cos\gamma = \frac{y}{z}$

$\tan\gamma = \frac{x}{y}$

d)

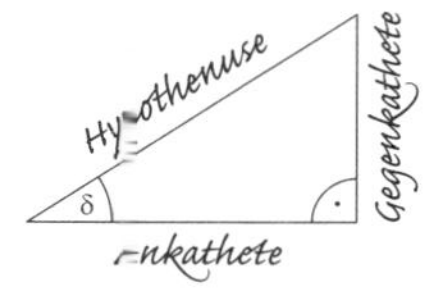

$\sin\delta = \frac{c}{a}$

$\cos\delta = \frac{b}{a}$

$\tan\delta = \frac{c}{b}$

2 Berechne den Winkel α mithilfe der gegebenen Schrittfolge. Runde geeignet.

	a)	b)	c)
	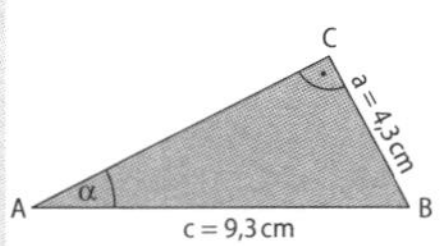	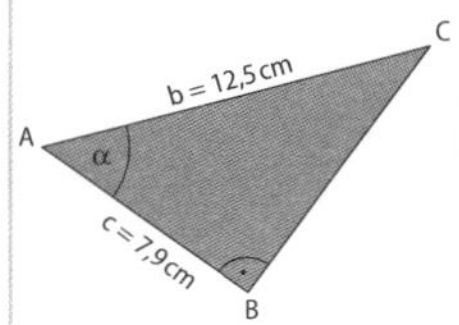	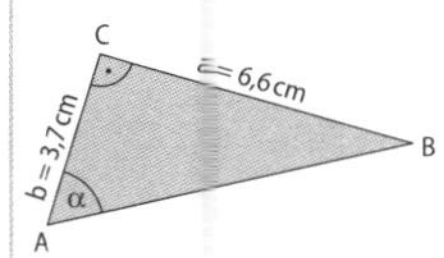
1 Zusammenhang beschreiben	$\sin\alpha = \frac{4{,}3\ cm}{9{,}3\ cm}$	$\cos\alpha = \frac{7{,}9\ cm}{12{,}5\ cm}$	$\tan\alpha = \frac{5{,}6\ cm}{3{,}7\ cm}$
2 Winkel α berechnen	α ≈ 27,5°	α ≈ 50,8°	α ≈ 60,7°

3 Berechne die gesuchten, rot markierten Größen. Runde auf eine Dezimalstelle.

a)

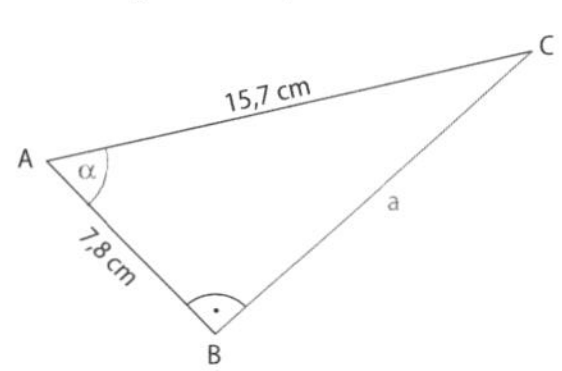

$\cos\alpha = \frac{7{,}8\ cm}{15{,}7\ cm} \Rightarrow \alpha \approx 60{,}2°$

$\sin 60{,}2° = \frac{a}{15{,}7\ cm} \Rightarrow a = 13{,}6\ cm$

$a = 13{,}6\ cm$ $\alpha = 60{,}2°$

b)

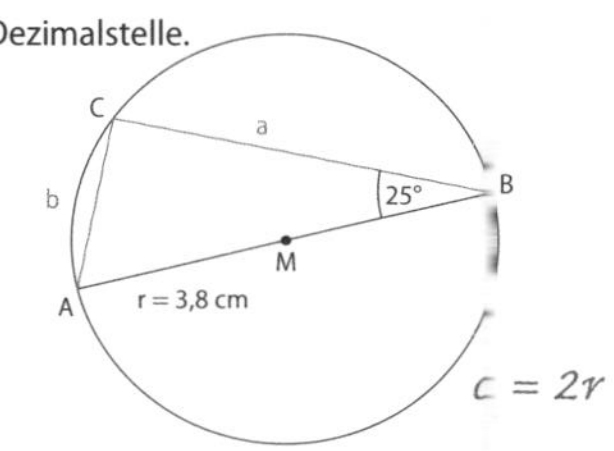

$\sin 25° = \frac{b}{7{,}6\ cm} \Rightarrow b = 3{,}2\ cm$

$\cos 25° = \frac{a}{7{,}6\ cm} \Rightarrow a = 6{,}9\ cm$

$a = 6{,}9\ cm$ $b = 3{,}2\ cm$

1 Eine 10 m lange Leiter steht an einer Hauswand. Bestimme für die gegebenen Winkelmaße α die Höhe h und den Abstand x. Runde auf cm.

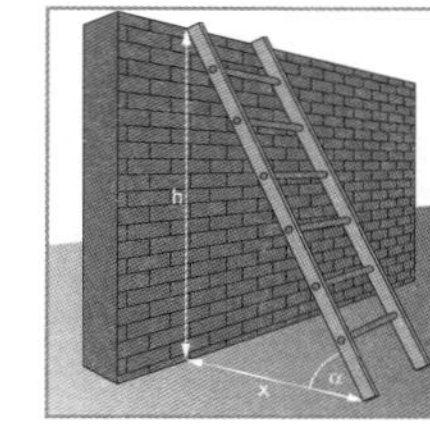

	α = 60°	α = 75°	α = 80°
h	8,67 m	9,66 m	9,85 m
x	5,00 m	2,59 m	1,74 m

2 Die beiden Holme einer Stehleiter sind 3 m lang. Beim Aufstellen schließen sie einen Winkel von 30° ein. Berechne, wie hoch die Leiter reicht.

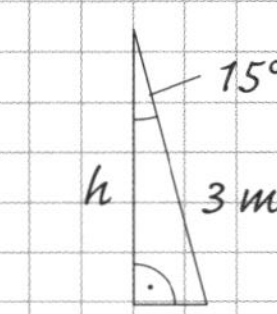

$\cos 15° = \frac{h}{3m}$

$\Rightarrow h = 3\ m \cdot \cos 15°$

$h \approx 2{,}90\ m$

Antwort: Die Leiter reicht 2,90 m m hoch.

3 a) Bestimme die Steigung in Prozent einer Straße mit dem Steigungswinkel α = 4°. Runde auf ganze Prozent.

$\tan 4° = \frac{x}{100\ m}$

$\Rightarrow x = 100\ m \cdot \tan 4° \approx 7{,}0\ m$

Steigung: 7 %

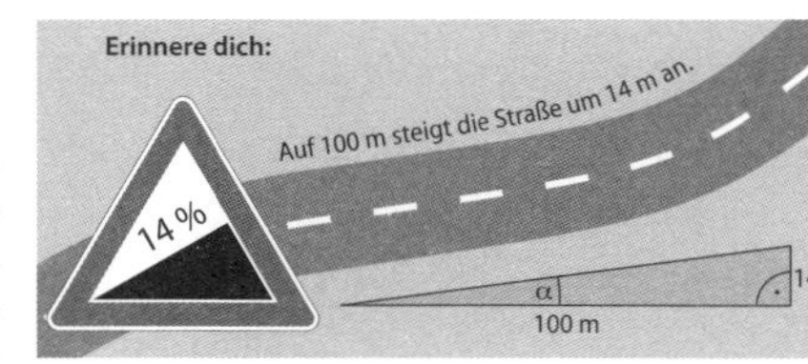

b) Die Schiene einer Bergbahn hat eine Steigung von 35 %. Berechne den Steigungswinkel α.

$\tan\alpha = \frac{35\ m}{100\ m} = 0{,}35 \Rightarrow \alpha \approx 19{,}3°$

α ≈ 19,3°

4 a) Berechne die Länge l des äußeren Stahlseils der Brücke.

l ≈ 95,4 m

b) Berechne die Gesamthöhe des Mittelpfeilers.

h ≈ 43,3 m + 35 m = 78,3 m

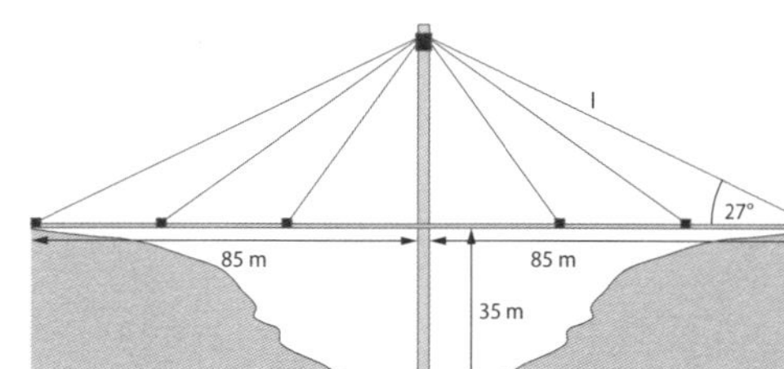

5 Ein Drachenflieger startet von einem 120 m hohen Hügel und gleitet (ohne Aufwind) mit einem Gleitwinkel von ungefähr 7° ins Tal hinab.

a) Begründe, dass die eingezeichneten Winkel α gleich groß sein müssen.

Die eingezeichneten Winkel sind Wechselwinkel.

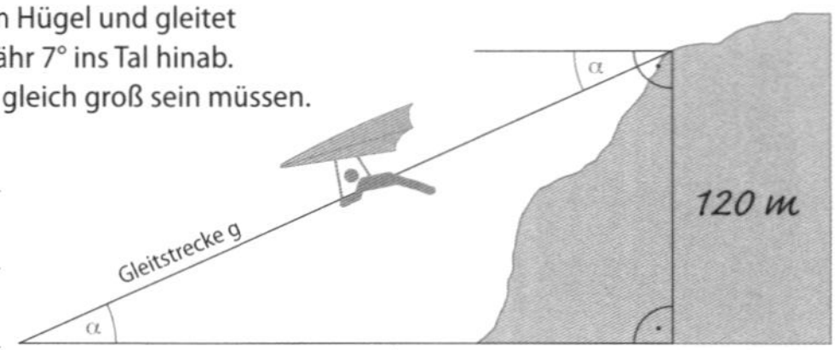

b) Bestimme die Flugweite f des Drachenfliegers.

$\tan 7° = \frac{120\,m}{f}$

$\Rightarrow f = \frac{120\,m}{\tan 7°} \approx 977\,m$

Flugweite: f = *977* m

c) Berechne die Länge der Gleitstrecke g.

$\sin 7° = \frac{120\,m}{g}$

$\Rightarrow g = \frac{120\,m}{\sin 7°} = 985\,m$

Gleitstrecke: g = *985* m

6 Vögel sind unterschiedlich gute Gleiter. Ihre Gleitfähigkeit wird als Verhältnis zwischen Höhenverlust und horizontal gemessener Flugstrecke festgelegt. Vervollständige die Tabelle, indem du für die Vogelarten den jeweiligen Gleitwinkel angibst.

Vogelart	Bussard	Möwe	Taube	Meise
Gleitfähigkeit	1 : 20	1 : 15	1 : 9	1 : 5
Gleitwinkel	*≈ 2,9°*	*≈ 3,8°*	*≈ 6,3°*	*≈ 11,3°*

$\tan\alpha = \frac{1}{20} \Rightarrow \alpha \approx 2,9°$

$\tan\alpha = \frac{1}{15} \Rightarrow \alpha \approx 3,8°$

$\tan\alpha = \frac{1}{9} \Rightarrow \alpha \approx 6,3°$

$\tan\alpha = \frac{1}{5} \Rightarrow \alpha \approx 11,3°$

7 Die Abbildung soll die Lage von Berlin auf der Erdkugel skizzieren. Man sagt: „Berlin liegt zwischen dem 52. und 53. Breitengrad", d. h. auf einem Kreis, der vom Äquator um etwa 52,5° abweicht. Bestimme den Radius r dieses Kreises, wenn der Radius der Erde R ≈ 6370 km beträgt. Nutze die Skizze und beschrifte sie geeignet.

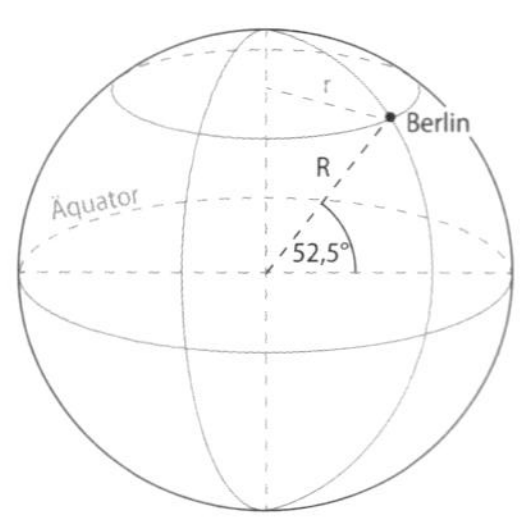

Skizze:

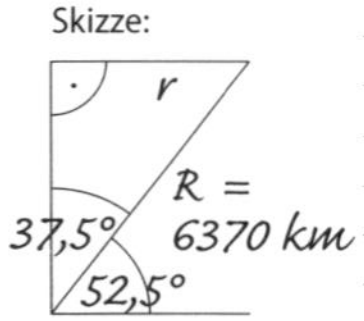

$\sin 37,5° = \frac{r}{R} = \frac{r}{6370\,km}$

$\Rightarrow r = 6370\,km \cdot \sin 37,5°$

$r \approx 3878\,km$

Radius r ≈ *3878* km

1 Kreuze alle Möglichkeiten an, die die Zusammenhänge richtig angeben.

a)

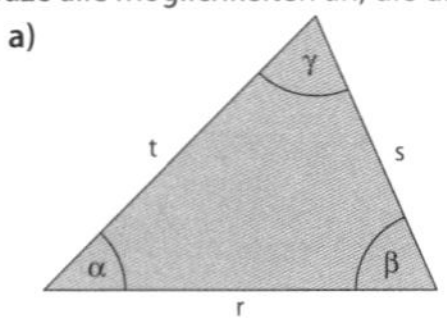

- [ ] $\frac{r}{\sin\alpha} = \frac{t}{\sin\gamma}$
- [x] $\frac{s}{\sin\alpha} = \frac{t}{\sin\beta}$
- [ ] $\frac{t}{\sin\beta} = \frac{r}{\sin\alpha}$
- [ ] $\frac{s}{\sin\alpha} = \frac{r}{\sin\alpha}$

b)

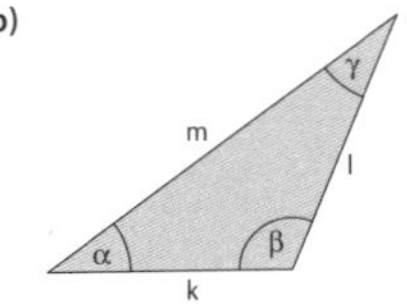

- [x] $\frac{l}{\sin\alpha} = \frac{k}{\sin\gamma}$
- [ ] $\frac{k}{\sin\alpha} = \frac{m}{\sin\beta}$
- [x] $\frac{m}{\sin\beta} = \frac{l}{\sin\alpha}$
- [x] $\frac{k}{\sin\gamma} = \frac{l}{\sin\alpha}$

c)

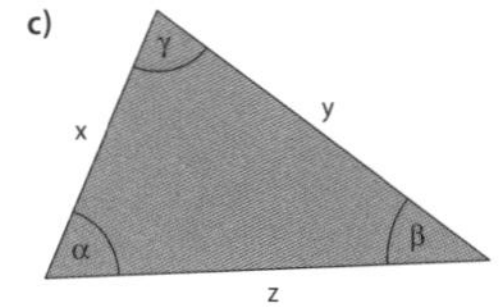

- [ ] $\frac{\sin\alpha}{y} = \frac{\sin\beta}{z}$
- [x] $\frac{\sin\gamma}{z} = \frac{\sin\alpha}{y}$
- [ ] $\frac{\sin\beta}{x} = \frac{\sin\gamma}{y}$
- [x] $\frac{y}{\sin\alpha} = \frac{z}{\sin\gamma}$

2 Ergänze in der Tabelle die fehlenden Größen des Dreiecks ABC. Runde geeignet.

	a)	b)	c)	d)	e)
a	7,5 cm	4,8 cm	*≈ 7,5 m*	*≈ 4,0 cm*	17,1 m
b	3,4 cm	*≈ 6,4 cm*	12,1 m	*≈ 4,7 cm*	*≈ 9,2 m*
c	*≈ 8,3 cm*	9,2 cm	*≈ 12,7 m*	5,6 cm	*≈ 20,1 m*
α	65°	*≈ 29°*	35°	45°	*58°*
β	*≈ 24°*	*41°*	68°	*55°*	27°
γ	*91°*	110°	*77°*	80°	95°

Hinweis: Je nach Reihenfolge der Rechnung sind aufgrund von Rundungsabweichungen teils andere Werte möglich.

3 Bei einer Aufforstung soll ein künftiges Waldgrundstück, das näherungsweise dreieckig ist, eingezäunt werden, um es vor Wildverbiss zu schützen. Berechne die Länge des dafür notwendigen Zauns. Entnimm die Angaben der Zeichnung.

$\alpha = 180° - 67° - 51° = 62°$

$\frac{c}{\sin 67°} = \frac{720\,m}{\sin 62°} \Rightarrow c \approx 751\,m$

$\frac{b}{\sin 51°} = \frac{720\,m}{\sin 62°} \Rightarrow b \approx 634\,m$

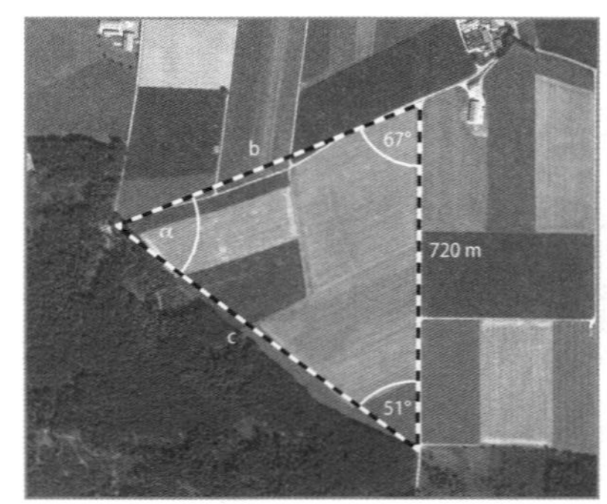

Zaunlänge: *2105* m

1 Stelle jeweils den Kosinussatz für das Dreieck mit den gegebenen Bezeichnungen auf.

a)
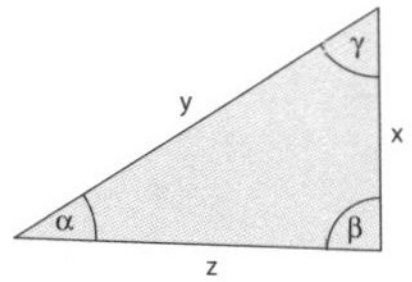

b)
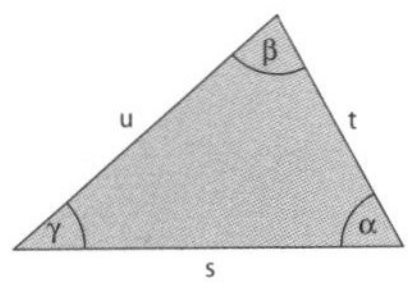

c)
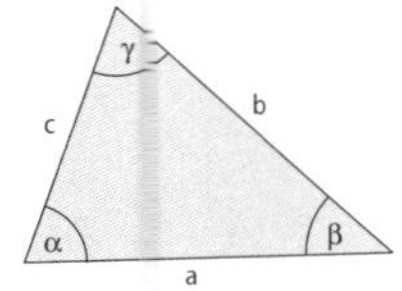

$x^2 = y^2 + z^2 - 2yz \cdot \cos\alpha$

$y^2 = x^2 + z^2 - 2xz \cdot \cos\beta$

$z^2 = x^2 + y^2 - 2xy \cdot \cos\gamma$

$s^2 = t^2 + u^2 - 2tu \cdot \cos\beta$

$t^2 = s^2 + u^2 - 2su \cdot \cos\gamma$

$u^2 = s^2 + t^2 - 2st \cdot \cos\alpha$

$a^2 = b^2 + c^2 - 2bc \cdot \cos\gamma$

$b^2 = a^2 + c^2 - 2ac \cdot \cos\alpha$

$c^2 = a^2 + b^2 - 2ab \cdot \cos\beta$

2 Zeige durch Umformung, dass der Satz des Pythagoras als Spezialfall des Kosinussatzes betrachtet werden kann. Gehe von einem Dreieck ABC mit γ = 90° aus.

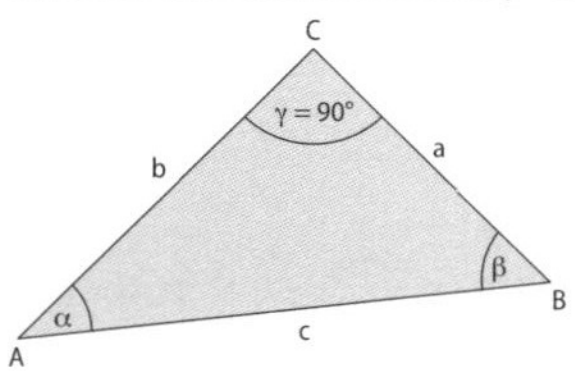

$c^2 = a^2 + b^2 - 2ab \cdot \cos\gamma$

$= a^2 + b^2 - \underbrace{2a \cdot b \cdot \cos 90°}$

0, wegen $\cos 90° = 0$

$c^2 = a^2 + b^2$

3 Bestimme die Größe der Innenwinkel des Dreiecks ABC.

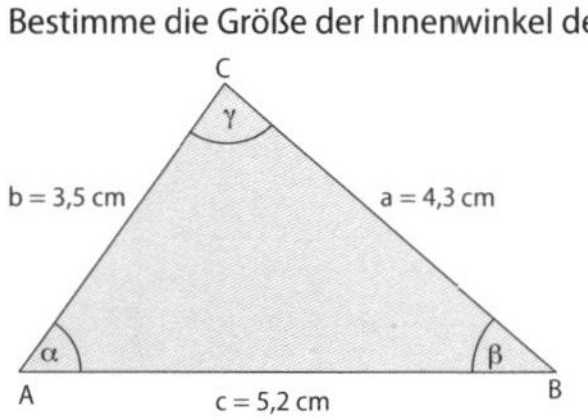

Lösungsmöglichkeit:
erster Winkel mit Kosinussatz,
zweiter Winkel mit Sinussatz,
dritter Winkel mit Innenwinkelsumme

α ≈ 55,2°
β ≈ 41,9°
γ ≈ 82,9°

4 An einem Binnensee in Deutschland verbindet eine Fähre die beiden eingezeichneten Orte. Bestimme die Länge s der Strecke, die die Fähre zurücklegt.

$s^2 = (2{,}3\,km)^2 + (3{,}0\,km)^2 - 2 \cdot 2{,}3 \cdot 3{,}0\,km^2 \cdot \cos 55°$

$s^2 = 5{,}29\,km^2 + 9\,km^2 - 13{,}8\,km^2 \cdot \cos 55°$

$s^2 \approx 6{,}37\,km^2$

$s \approx 2{,}5\,km$

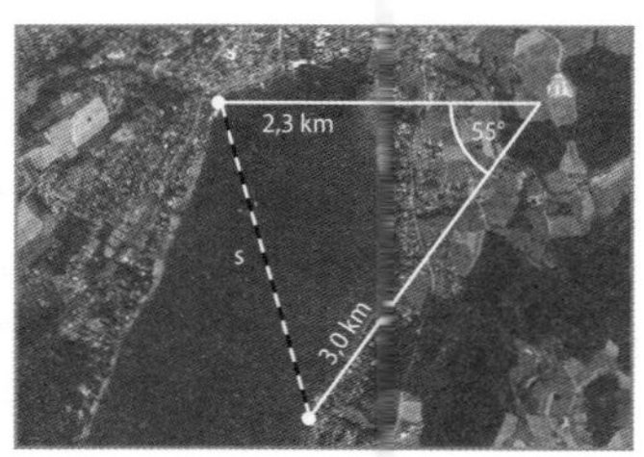

Länge der Fährverbindung: 2,5 km

1 Schreibe drei Möglichkeiten auf, um den Flächeninhalt des Dreiecks zu berechnen.

a)
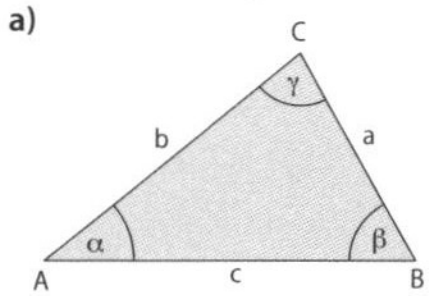

$A = \frac{1}{2} a \cdot b \cdot \sin\gamma$

$A = \frac{1}{2} b \cdot c \cdot \sin\alpha$

$A = \frac{1}{2} a \cdot c \cdot \sin\beta$

b)
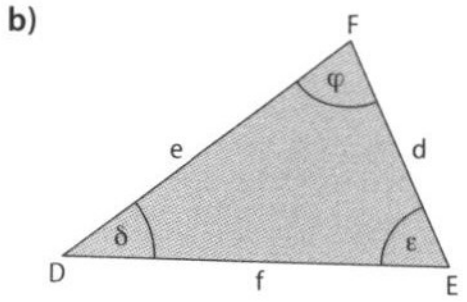

$A = \frac{1}{2} e \cdot f \cdot \sin\delta$

$A = \frac{1}{2} e \cdot d \cdot \sin\varphi$

$A = \frac{1}{2} d \cdot f \cdot \sin\varepsilon$

2 Berechne jeweils den Flächeninhalt der Dreiecke ABC. Die Lösungen ergeben in der Reihenfolge der Aufgabe eine Stadt in Brandenburg.

a) a = 3,5 cm; b = 7,1 cm; γ = 32°

b) a = 6,2 cm; c = 4,3 cm; β = 85°

c) a = 4,8 cm; b = 7,6 cm; γ = 74°

d) b = 9,2 cm; c = 2,8 cm; α = 55°

e) b = 1,8 cm; c = 12,3 cm; α = 68°

f) a = 2,3 cm; c = 7,0 cm; β = 47°

g) b = 4,0 cm; c = 8,2 cm; α = 20°

L A ≈ 10,6 cm²

B A ≈ 6,6 cm²

Z A ≈ 5,6 cm²

I A ≈ 10,3 cm²

E A ≈ 17,5 cm²

E A ≈ 13,3 cm²

T A ≈ 5,9 cm²

Lösungswort: B E E L I T Z

3 Frau Vollmer lässt ein 6,80 m breites Carport mit Satteldach bauen. Die vordere Dachfläche möchte sie noch mit Alublech verkleiden, um sie besser gegen Witterungseinflüsse zu schützen. Sie misst eine Dachschräge von 30° gegen die Horizontale. Wie viel Blech benötigt sie, wenn sie zusätzlich 10 % für Verschnitt einplant?

Dachlänge l: $\frac{l}{\sin 30°} = \frac{6{,}80\,m}{\sin 120°} \Rightarrow l \approx 3{,}93\,m$

$A = \frac{1}{2} \cdot 6{,}80\,m \cdot 3{,}93\,m \cdot \sin 30° \approx 6{,}7\,m^2$

Menge: $6{,}7\,m^2 \cdot 1{,}1 \approx 7{,}4\,m^2$

Frau Vollmer benötigt 7,4 m² Alublech.

4 Berechne den Flächeninhalt des Trapezes (b = d).

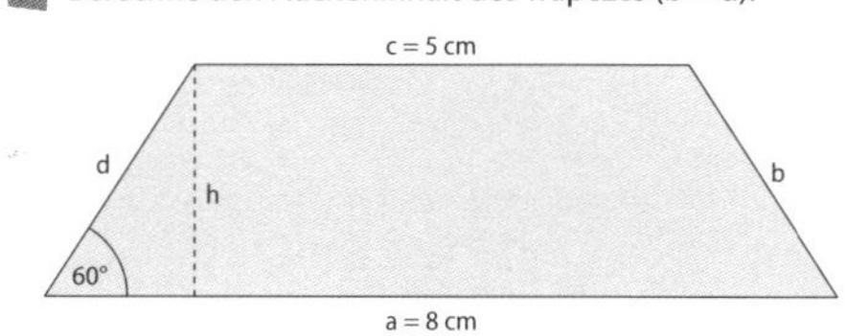

$h = 1{,}5\,cm \cdot \tan 60° \approx 2{,}6\,cm$

$A_{Tr} = \frac{1}{2} \cdot (a + c) \cdot h$

$A_{Tr} = \frac{1}{2} \cdot (8\,cm + 5\,cm) \cdot 2{,}6\,cm = 16{,}9\,cm^2$

A = $16{,}9\,cm^2$

I. Zusammenhänge im rechtwinkligen Dreieck nutzen

1 Beschreibe zunächst den Zusammenhang durch die Seitenbezeichnungen a, b und c. Bestimme dann die Größe des Winkels α auf drei Arten. Runde auf ganze Grad.

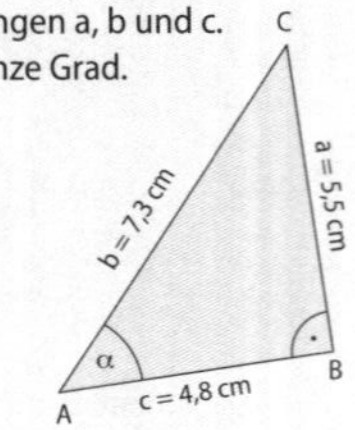

a) $\tan\alpha = \frac{a}{c}$ $\tan\alpha = \frac{5{,}5\text{ cm}}{4{,}8\text{ cm}}$ $\alpha = 49°$

b) $\sin\alpha = \frac{a}{b}$ $\sin\alpha = \frac{5{,}5\text{ cm}}{7{,}3\text{ cm}}$ $\alpha = 49°$

c) $\cos\alpha = \frac{c}{b}$ $\cos\alpha = \frac{4{,}8\text{ cm}}{7{,}3\text{ cm}}$ $\alpha = 49°$

2 Berechne die gesuchten Größen. Runde auf eine Dezimalstelle.

a)

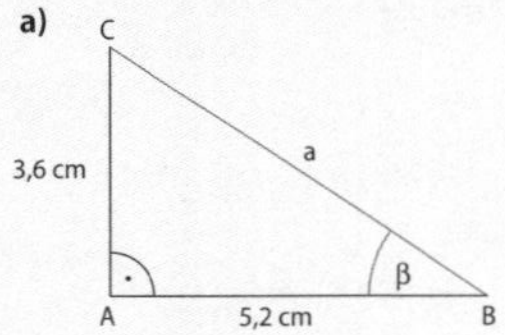

$\tan\beta = \frac{3{,}6\text{ cm}}{5{,}2\text{ cm}} \Rightarrow \beta = 34{,}7°$

$\cos 34{,}7° = \frac{5{,}2\text{ cm}}{a}$

$\Rightarrow a = \frac{5{,}2\text{ cm}}{\cos 34{,}7°} = 6{,}3\text{ cm}$

$a = 6{,}3\text{ cm}$ $\beta = 34{,}7°$

b)

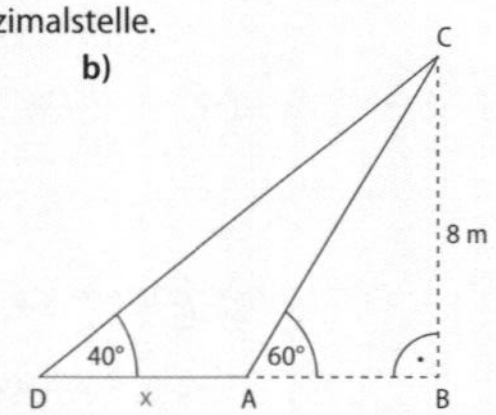

$\tan 60° = \frac{8m}{\overline{AB}} \Rightarrow \overline{AB} \approx 4{,}6m$

$\tan 40° = \frac{8m}{x + \overline{AB}}$

$\Rightarrow x + \overline{AB} = \frac{8m}{\tan 40°} \approx 9{,}5m$

$x = 9{,}5m - \overline{AB} = 9{,}5m - 4{,}6m = 4{,}9m$

$x = 4{,}9\text{ cm}$

II. Den Sinussatz in beliebigen Dreiecken anwenden

3 Die Karte zeigt die Lage einer beliebten Badestelle bei Brandenburg an der Havel.

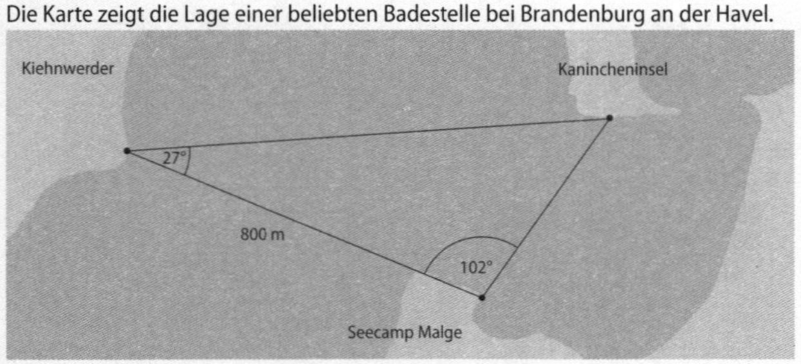

a) Schätze die Entfernung vom Seecamp zur Kanincheninsel: ≈ 400 m

b) Berechne die Entfernung: 467 m

4 Berechne die gesuchten Streckenlängen im abgebildeten Dreieck, für ...

a) α = 10°.

x = 11,7 cm

y = 4,1 cm

b) α = 25°.

x = 10,1 cm

y = 4,4 cm

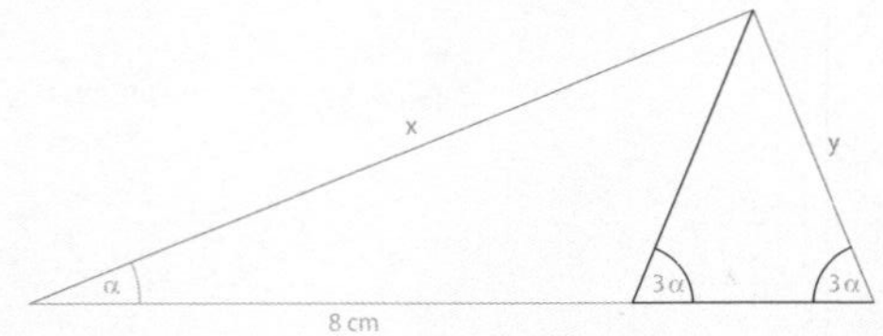

III. Den Kosinussatz in beliebigen Dreiecken anwenden

5 Stelle jeweils den Kosinussatz für die gesuchte Seitenlänge im Dreieck ABC auf.

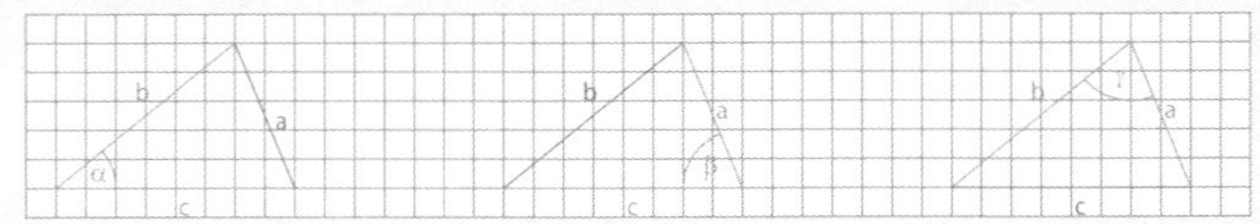

$a^2 = b^2 + c^2 - 2bc\cdot\cos\alpha$ $b^2 = a^2 + c^2 - 2ac\cdot\cos\beta$ $c^2 = a^2 + b^2 - 2ab\cdot\cos\gamma$

6 **a)** Berechne die Entfernung zwischen dem Fels (D) und dem Schloss (A).

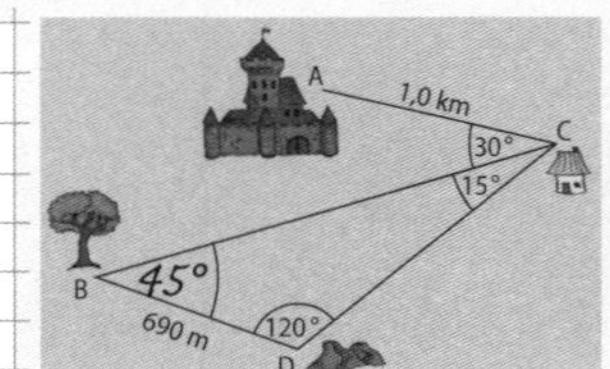

Sinussatz

$\frac{\overline{DC}}{\sin 45°} = \frac{690m}{\sin 15°} \Rightarrow \overline{DC} = 1885\ m$

Kosinussatz

$\overline{DA} = \sqrt{\overline{AC}^2 + \overline{DC}^2 - 2\cdot\overline{AC}\cdot\overline{DC}\cdot\cos 45°}$

$\approx 1374m$

b) Bestimme, um wie viel Prozent die Strecke $\overline{DA}$ kürzer ist als $\overline{DC} + \overline{CA}$.

$1 - \frac{\overline{DA}}{\overline{DC} + \overline{CA}} = 1 - \frac{1374m}{1885m + 1000m} \approx 0{,}524 = 52{,}4\ \%$

Teil	Ich kann bei einfachen Aufgaben ...	Aufgaben	Kreuze an. 0–2	3–4	5–6
I.	Zusammenhänge im rechtwinkligen Dreieck nutzen.	1, 2	☹	😐	☺
II.	den Sinussatz in beliebigen Dreiecken anwenden.	3, 4	☹	😐	☺
III.	den Kosinussatz in beliebigen Dreiecken anwenden.	5, 6	☹	😐	☺

1 Kreuze alle möglichen Lösungen an.

a)	Bei der Potenz a^n heißt n …	☐ Basis	☒ Exponent	☐ Radikant
b)	$a^1 = …$	☒ a	☐ 1	☐ 0
c)	Der Graph einer Potenzfunktion $f(x) = x^n$ verläuft symmetrisch zur y-Achse für n = …	☐ 5	☐ -3	☒ 12
d)	Der Graph einer Potenzfunktion $f(x) = x^n$ verläuft für alle x < 0 monoton fallend bei n = …	☐ 3	☒ 4	☐ 5
e)	Die Potenzfunktion $f(x) = x^n$ mit ungeraden natürlichen Zahlen n hat als gemeinsame Punkte …	☒ P (−1|−1)	☐ P (1|−1)	☐ P (0|−1)

2 Ordne die Graphen den Gleichungen zu. Gib jeweils mindestens zwei Eigenschaften des Graphen an.

a) $f(x) = (x - 1{,}5)^2$

Lösungsmöglichkeiten:

S (1,5 | 0)

P_y (0 | 2,25)

b) $f(x) = 2x^3$

Lösungsmöglichkeiten:

steigend, gestreckt

P_y (0 | 0)

punktsymmetrisch

bezüglich P_y

c) $f(x) = x^4 + 1$

Lösungsmöglichkeiten:

S (0 | 1)

achsensymmetrisch

bezüglich y-Achse

d) $f(x) = 0{,}5x^3$

Lösungsmöglichkeiten:

steigend, gestaucht

P (0 | 0)

punktsymmetrisch

bezüglich P_y

e) $f(x) = x^3 - \frac{2}{5}$

Lösungsmöglichkeiten:

steigend

$P_y \left(0 \middle| -\frac{2}{5}\right)$

punktsymmetrisch

bezüglich P_y

f) $f(x) = -x^3$

Lösungsmöglichkeiten:

fallend, gestaucht

P_y (0 | 0)

punktsymmetrisch

bezüglich P_y

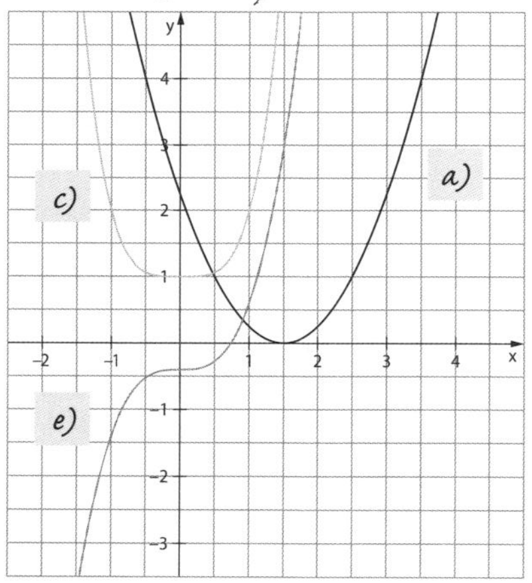

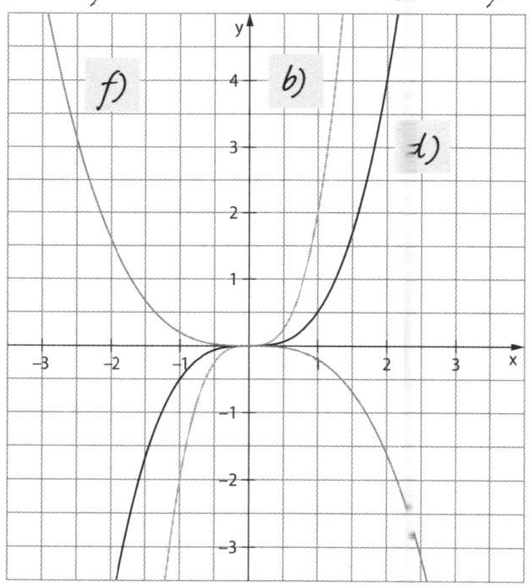

1 a) Vervollständige die Wertetabellen. Runde auf eine Dezimalstelle.

1

x	−2	−1,5	−1	−0,5	0,5	1	1,5	2
$f(x) = x^{-3}$	−0,1	−0,3	−1	−8	8	1	0,3	0,1

2

x	0,01	0,25	0,5	1	2,25	4,5	5,58	6,89
$f(x) = x^{\frac{1}{3}}$	0,2	0,6	0,8	1	1,3	1,7	1,8	1,9

b) Ergänze die Eigenschaften der Funktionen.

Funktionsgleichung	$f(x) = x^{-3}$	$f(x) = x^{\frac{1}{3}}$
Definitionsbereich $\mathbb{D}$	$\mathbb{R} \setminus \{0\}$	[0, ∞[
Wertebereich $\mathbb{W}$	$\mathbb{R} \setminus \{0\}$	[0, ∞[
Monotonie	fallend für x < 0 fallend für x > 0	steigend
Scheitelpunkt S	-	-
Nullstellen	-	x = 0
Schnittpunkt P mit der y-Achse	-	P (0 | 0)
Symmetrie	punktsymmetrisch zu P (0 | 0)	-

2 Welche Beschreibung passt zur Funktion? Ordne zu.

- $f(x) = x^{-2}$ — Die Funktion ist für x = 0 nicht definiert und der Graph ist achsensymmetrisch.
- $f(x) = x^{\frac{1}{2}}$ — Die Funktion ist im gesamten Definitionsbereich steigend. Die Nullstelle ist bei x = 0.
- $f(x) = x^4$ — Die Funktion ist für x < 0 fallend und für x > 0 steigend. Die Nullstelle ist bei x = 0.

3 Kreuze an, welche Funktionsgleichung zum dargestellten Graphen gehört.

☐ $f(x) = x^{-3} + 2$	☐ $f(x) = x^{-3} + 2$
☐ $f(x) = x^{-2} - 2$	☒ $f(x) = x^{-2} - 2$
☒ $f(x) = x^{-2} + 2$	☐ $f(x) = x^{-2} + 2$
☐ $f(x) = (x + 2)^{-2}$	☐ $f(x) = (x + 2)^{-2}$
☐ $f(x) = (x - 2)^{-2}$	☐ $f(x) = (x - 2)^{-2}$

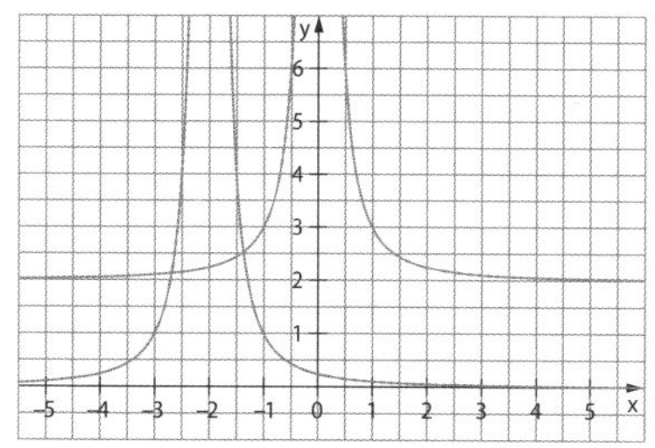

1 Gegeben seien die Funktionen mit den Gleichungen $f_1(x) = x^5$ und $f_2(x) = -\frac{1}{4}x + 0{,}5$.

a) Begründe, wie viele Schnittpunkte die beiden Graphen miteinander haben.

Die beiden Graphen haben genau einen Schnittpunkt, denn f_1 steigt und f_2 ist eine fallende Gerade. Außerdem ist $W_{f_1} = W_{f_2} = \mathbb{R}$.

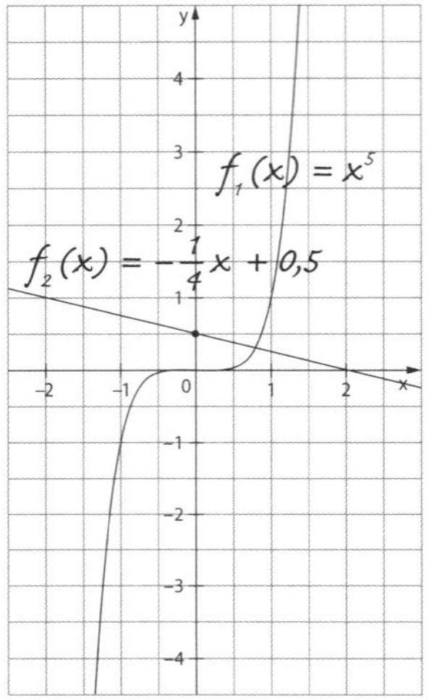

b) Zeichne beide Funktionen in das Koordinatensystem.

c) Gib die Koordinaten der Schnittpunkte an.

SP $(0{,}8 \mid 0{,}3)$

2 Ordne den Potenzgleichungen die zugehörige Lösung zu.

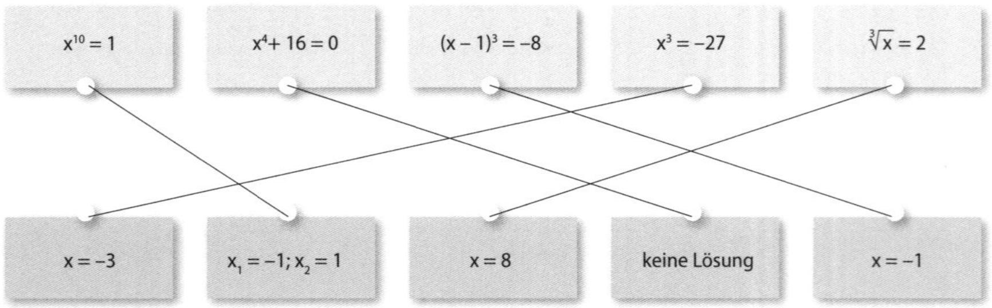

3 Kreuze an, ob die Aussage wahr oder falsch ist.

a)	Aus $x_2 > x_1 > 0$ folgt $x_2^3 > x_1^3$.	☒ wahr	☐ falsch
b)	Aus $x_2 \geq x_1 > 0$ folgt $x_2^3 > x_1^3$.	☐ wahr	☒ falsch
c)	Aus $0 > x_2 > x_1$ folgt $x_2^3 < x_1^3$.	☐ wahr	☒ falsch
d)	Aus $x_2 > x_1 > 0$ folgt $x_2^2 > x_1^2$.	☒ wahr	☐ falsch
e)	Aus $0 > x_2 > x_1$ folgt $x_2^2 < x_1^2$.	☒ wahr	☐ falsch
f)	Aus $x_2 > x_1 > 0$ folgt $\frac{1}{x_2} > \frac{1}{x_1}$.	☐ wahr	☒ falsch
g)	Aus $x_2 > x_1 > 0$ folgt $\frac{1}{x_2} < \frac{1}{x_1}$.	☒ wahr	☐ falsch
h)	Aus $0 > x_2 \geq x_1$ folgt $\frac{1}{x_2^3} \leq \frac{1}{x_1^3}$.	☒ wahr	☐ falsch

4 Gegeben ist die Funktion $f(x) = (x + 2)^{-2} - 2$.

a) Bestimme ohne Zeichnung die Eigenschaften der Funktion.

Definitionsbereich $\mathbb{D}$	*$\mathbb{R} \setminus \{-2\}$*
Wertebereich $\mathbb{W}$	*$\{y \mid y > -2\}$*
Symmetrie	*achsensymmetrisch zu $x = -2$*
Monotonie	*steigend für $x < -2$ fallend für $x > -2$*
Asymptoten	*$x = -2$ und $y = -2$*

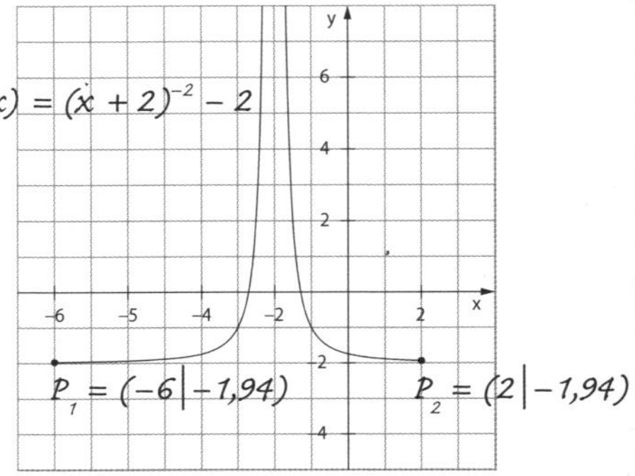

b) Stelle den Graphen der Funktion im Intervall [–6; 2] dar (1 LE = 2 cm).
Berechne dazu auch die Koordinaten der Punkte an den Intervallrändern.

c) Begründe, ob die Funktion umkehrbar ist.

Die Funktion ist nicht umkehrbar, weil sie nicht eineindeutig ist (z. B.: $f(-6) = f(2)$ oder $f(-3) = f(-1)$).

5 a) Beschreibe, welche Art von Potenzfunktionen im Bild dargestellt sind.

Es sind Potenzfunktionen mit negativen, ganzzahligen Exponenten dargestellt.

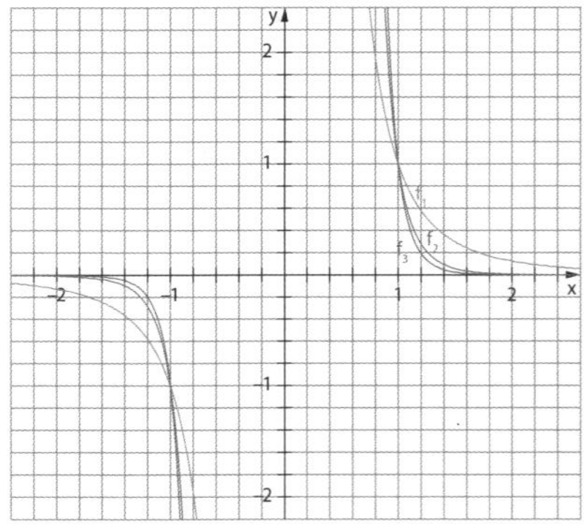

b) Gib gemeinsame Eigenschaften der Funktionen an.

Definitionsbereich $\mathbb{D}$	*$\mathbb{R} \setminus \{0\}$*
Wertebereich $\mathbb{W}$	*$\mathbb{R} \setminus \{0\}$*
Symmetrie	*punktsymmetrisch zum Ursprung*
gemeinsame Punkte	*$P_1 (-1 \mid -1)$ $P_2 (1 \mid 1)$*
Monotonie	*fallend auf $]-\infty; 0[$ und $]0, \infty[$*

c) Gib die zugehörigen Funktionsgleichungen an.

$f_1(x) =$ *x^{-3}*

$f_2(x) =$ *x^{-7}*

$f_3(x) =$ *x^{-9}*

I. Potenzfunktionen und ihre Eigenschaften bestimmen

1 Die Punkte A bis E liegen auf dem Graphen der angegebenen Potenzfunktion. Bestimme die fehlenden Koordinaten. Findest du mehrere Möglichkeiten?

a) $f(x) = x^5$ A (1 | 1) B (−4 | −1024) C (3 | 243) D (−2 | −32)

b) $f(x) = 2x^2$ A (0 | 0) B (−2,5 | 12,5) C (0,5 | 0,5) D (±3 | 18)

c) $f(x) = -x^3$ A (−1 | 1) B (1,5 | −3,375) C (1,2 | −1,728) D (0 | 0)

d) $f(x) = 0{,}5x^4$ A (−3 | 40,5) B (±1 | 0,5) C (4 | 128) D (2,2 | 11,7128)

2 Gegeben ist die Funktion mit der Gleichung $f(x) = -x^3$.

a) Vervollständige die Wertetabelle.

x	−2	−1,8	−1,5	−1	0	0,5	0,8	1	1,2	1,6
f(x)	+8	+5,832	+3,375	+1	0	−0,125	−0,512	−1	−1,728	−4,096

b) Welcher der Graphen gehört zu der Funktion? Kreuze an.

☐ 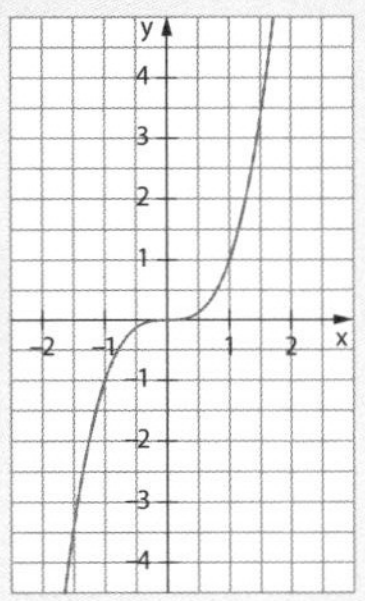

☒ 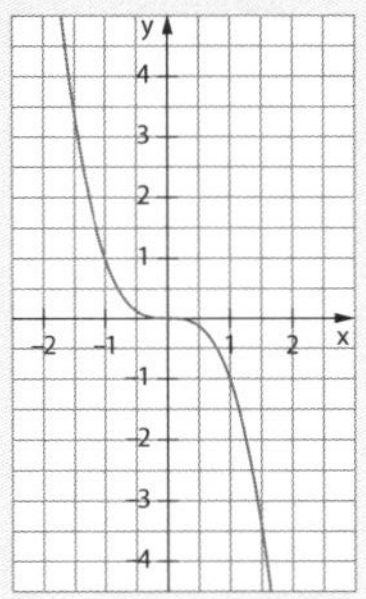

☐ 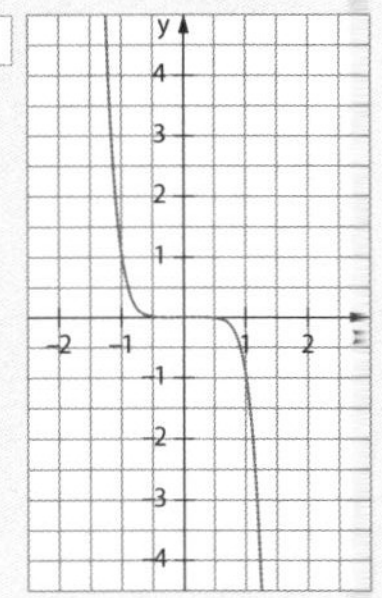

3 Trage die Eigenschaften der Funktionen in die Tabelle ein.

Eigenschaft	a) $f(x) = x^3 - 1$	b) $f(x) = (x + 2)^2$
Definitionsbereich $\mathbb{D}$	$x \in \mathbb{R}$	$x \in \mathbb{R}$
Wertebereich $\mathbb{W}$	$y \in \mathbb{R}$	$y \geq 0$
Monotonie	steigend	fallend für $x \leq -2$ steigend für $x \geq -2$
Scheitelpunkt S	–	$S(-2 \mid 0)$
Nullstellen	$x_0 = 1$	$x_0 = -2$
Schnittpunkt P mit der y-Achse	$P_y(0 \mid -1)$	$P_y(0 \mid 4)$
Symmetrie	punktsymmetrisch zu P_y	achsensymmetrisch zu $x = -2$

II. Potenzfunktionen und Potenzgleichungen anwenden

4 Beschreibe, wie sich die Funktionswerte bei der angegebenen Funktion f verändern, wenn man das Argument x verdoppelt, verdreifacht oder halbiert.

a) $f(x) = x^{-1}$

$f(2x) = \frac{1}{2x} = \frac{1}{2} \cdot \frac{1}{x} = \frac{1}{2} \cdot f(x)$, d.h. f wird halbiert.

$f(3x) = \frac{1}{3x} = \frac{1}{3} \cdot \frac{1}{x} = \frac{1}{3} \cdot f(x)$, d.h. f wird gedrittelt.

$f(\frac{1}{2}x) = \frac{1}{0{,}5 \cdot x} = 2 \cdot \frac{1}{x} = 2 \cdot f(x)$, d.h. f wird verdoppelt.

b) $f(x) = x^{-2}$

$f(2x) = \frac{1}{(2x)^2} = \frac{1}{4} \cdot \frac{1}{x^2} = \frac{1}{4} \cdot f(x)$, d.h. f wird geviertelt.

$f(3x) = \frac{1}{(3x)^2} = \frac{1}{9} \cdot \frac{1}{x^2} = \frac{1}{9} \cdot f(x)$, d.h. f wird geneuntelt.

$f(\frac{1}{2}x) = \frac{1}{(0{,}5 \cdot x)^2} = 4 \cdot \frac{1}{x^2} = 4 \cdot f(x)$, d.h. f wird vervierfacht.

5 Begründe, dass zu den Funktionen im angegebenen Definitionsbereich keine Umkehrfunktion gebildet werden kann.

a) $f_1(x) = 2x^2, -2 \leq x \leq 2$

Die Funktion ist nicht eineindeutig, denn für $x \in [-2; 2]$ gilt:

$f_1(x) = f_1(-x)$, z.B.: $f_1(1) = 2 = f_1(-1)$.

b) $f_2(x) = 4x^4, -4 \leq x \leq 4$

Die Funktion ist nicht eineindeutig, denn für $x \in [-4; 4]$ gilt:

$f_2(x) = f_2(-x)$, z.B.: $f_2(1) = 4 = f_2(-1)$.

6 Gib an, in welchen Bereichen die Funktionen steigend bzw. fallend sind.

$f_1(x) = x^3$	steigend: für $x \in \mathbb{R}$ fallend: /
$f_2(x) = x^4$	steigend: für $x \geq 0$ fallend: für $x \leq 0$
$f_3(x) = x^5$	steigend: für $x \in \mathbb{R}$ fallend: /
$f_4(x) = x^6$	steigend: für $x \geq 0$ fallend: für $x \leq 0$

Teil	Ich kann bei einfachen Aufgaben …	Aufgaben	Kreuze an. 0–2	3–4	5–6
I.	Potenzfunktionen und ihre Eigenschaften bestimmen.	1, 2, 3	☹	😐	☺
II.	Potenzfunktionen und Potenzgleichungen anwenden.	4, 5, 6	☹	😐	☺

1 Wandle, falls möglich, die Potenz in ein Produkt um und berechne dann den Potenzwert.

a) $(-7)^3 = (-7)\cdot(-7)\cdot(-7) = -343$

b) $(-2)^{-4} = \frac{1}{(-2)}\cdot\frac{1}{(-2)}\cdot\frac{1}{(-2)}\cdot\frac{1}{(-2)} = \frac{1}{16}$

c) $0{,}8^{-3} = \left(\frac{1}{0{,}8}\right)^3 = \left(\frac{5}{4}\right)^3 = \frac{125}{64}$

d) $(-0{,}09)^2 = (-0{,}09)\cdot(-0{,}09) = 0{,}0081$

e) $\left(\frac{1}{2}\right)^0 = 1$

f) $\left(-\frac{3}{4}\right)^{-3} = \left(-\frac{4}{3}\right)\cdot\left(-\frac{4}{3}\right)\cdot\left(-\frac{4}{3}\right) = -\frac{64}{27}$

g) $\left(-\frac{3}{100}\right)^2 = \left(-\frac{3}{100}\right)\cdot\left(-\frac{3}{100}\right) = \frac{9}{10\,000}$

h) $\left(\frac{17}{31}\right)^{-1} = \frac{31}{17}$

2 Bestimme das fehlende Vorzeichen. Findest du mehr als eine Lösung?

a) $6^{-3} = [+]\frac{1}{216}$; $(-6)^{-3} = [-]\frac{1}{216}$; $-6^{-3} = [-]\frac{1}{216}$

b) $([-]2{,}5)^{-3} = -\frac{8}{125}$; $[+]2{,}5^{-3} = +\frac{8}{125}$; $[-]2{,}5^{-3} = -\frac{8}{125}$

c) $(-1{,}5)^{-2} = [+]\frac{4}{9}$; $-1{,}5^{-2} = [-]\frac{4}{9}$; $([\pm]1{,}5)^{-2} = \frac{4}{9}$

d) $(-0{,}5)^0 = [+]1$; $-0{,}5^0 = [-]1$; $(-0{,}5)^{-1} = [-]2$

3 Verbinde die Potenzen mit ihrem jeweiligen Wert.

a) $(-4)^{-3}$ | 4^{-3} | -4^{-3} | $(+4)^{-3}$ — Werte: $-\frac{1}{64}$ | $\frac{1}{64}$

b) $(-1)^{-3}\cdot(-5)^{-3}$ | $(-1)^{-3}\cdot(-5)^{-3}$ | $(-1)^{-3}\cdot(+5)^{-3}$ | $(-1)^{-3}\cdot(+5)^{-3}$ — Werte: $-\frac{1}{125}$ | $\frac{1}{125}$

4 Fülle die Tabelle aus und stelle die Ergebnisse mit verschiedenen Farben für die Basen in einem Koordinatensystem dar (Exponent auf der x-Achse).
Runde auf zwei Nachkommastellen.

Basis \ Exponent	0	−1	−2	−3	−4	−5
1,2	1	0,83	0,69	0,58	0,48	0,4
1	1	1	1	1	1	1
−2	1	−1	1	−1	1	−1
$\frac{9}{10}$	1	1,11	1,23	1,37	1,52	1,69
$-\frac{9}{10}$	1	−1,11	1,23	−1,37	1,52	−1,69

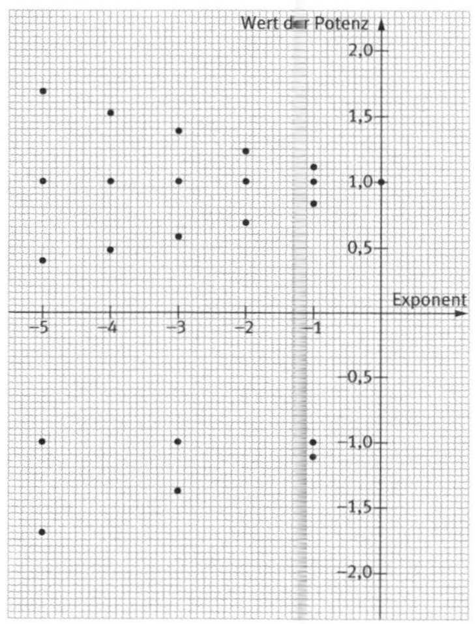

1 Schreibe die folgenden Zahlen ohne und mit Zehnerpotenzen (ZP).

Zahl	eins	zehn	hundert	tausend	eine Million	eine Milliarde
ohne ZP	1	10	100	1000	1 000 000	1 000 000 000
mit ZP	10^0	10^1	10^2	10^3	10^6	10^9

2 Vervollständige die fehlenden Angaben in der Tabelle.

			Angabe ohne Zehnerpotenz	Angabe mit Zehnerpotenz
a)		Erdbevölkerung	7 390 000 000	$7{,}39 \cdot 10^9$
		Masse der Erde	5 974 000 000 000 000 000 000 000 kg	$5{,}974 \cdot 10^{24}$ kg
		Oberflächeninhalt der Erde	511 000 000 km^2	$5{,}11 \cdot 10^8$ km^2
b)	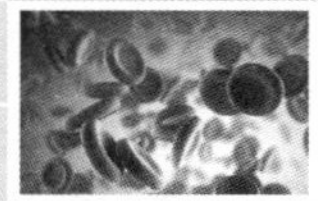	Durchmesser eines roten Blutkörperchens	0,000007 m	$7 \cdot 10^{-6}$ m
		Anzahl roter Blutkörperchen	28 000 000 000 000	$28 \cdot 10^{12}$
c)	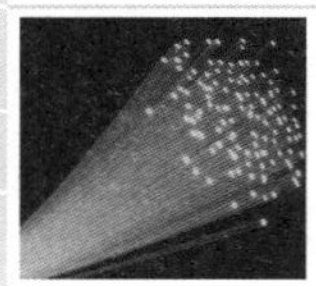	Wellenlänge des blauen Lichts	0,00000048 m	$4{,}8 \cdot 10^{-7}$ m
		Durchmesser Glasfaser	0,0000065 m	$6{,}5 \cdot 10^{-6}$ m
		Länge eines Glasfaserkabels	421 000 m	$4{,}21 \cdot 10^5$ m (= 421 km)

3 Untersuche, ob die Umwandlung richtig oder falsch ist. Korrigiere fehlerhafte Angaben.

			Korrektur
a)	$0{,}8427 = 8{,}427 \cdot 10^1$	☐ richtig ☒ falsch	Korrektur: $0{,}8427 = 8{,}427 \cdot 10^{-1}$
b)	$0{,}0006428 = 64{,}8 \cdot 10^{-5}$	☒ richtig ☐ falsch	Korrektur:
c)	$3\,400\,000 = 3{,}4 \cdot 10^5$	☐ richtig ☒ falsch	Korrektur: $3\,400\,000 = 3{,}4 \cdot 10^6$
d)	$7{,}2 \cdot 10^{-7} = 0{,}000000072$	☐ richtig ☒ falsch	Korrektur: $7{,}2 \cdot 10^{-7} = 0{,}00000072$
e)	$0{,}000001 = 10^{-6}$	☒ richtig ☐ falsch	Korrektur:

1 Vereinfache die Terme so weit wie möglich.

a) $6x^2 + y + 3x^2 =$ $9x^2 + y$

b) $-9x^2 + x \cdot 4x + x =$ $-5x^2 + x$

c) $5a - 6a^2 + 4a - \frac{7}{2}a^2 =$ $-9{,}5a^2 + 9a$

d) $\frac{3}{2}y^3 - x^4 + 8y^3 + 2x^4 =$ $x^4 + 9{,}5y^3$

e) $7{,}5s + 9s^2 - \frac{12}{8}s^2 + 8s =$ $7{,}5s^2 + 15{,}5s$

f) $\frac{7}{8}v^7 - \frac{5}{3}v^{12} + \frac{9}{8}v^7 + 2v^{12} - 3v =$ $\frac{1}{3}v^{12} + 2v^7 - 3v$

g) $a^0 + a^1 + a^2 =$ $a^2 + a + 1$

h) $2{,}3x^2 + 1{,}2x - 8x^2 + 9x^1 =$ $-5{,}7x^2 + 10{,}2x$

2 Ergänze die Lücken.

a) $2^4 \cdot 2^7 = 2^{4+7} = 2^{11}$

b) $8^9 : 8^{4} = 8^{9-4} = 8^5$

c) $-3^3 \cdot (-3)^6 = -3^3 \cdot 3^{6} = -3^9$

d) $(-3)^3 \cdot (-3)^{-5} \cdot (-3)^{10} = (-3)^8$

e) $\left(-\frac{7}{8}\right)^8 \cdot \left(-\frac{7}{8}\right)^{-9} = \left(-\frac{7}{8}\right)^{-1} = -\frac{8}{7}$

f) $u^4v^6 : v^4u^2 = u^2v^2$

g) $\left(\frac{3}{4}\right)^4 \cdot \left(\frac{3}{4}\right)^{-4} = \left(\frac{3}{4}\right)^0 = 1$

h) $-4^7 : 4^5 = -4^2 = -16$

i) $0^9 \cdot 0^5 = 0^{14} = 0$

3 Bestimme die fehlenden Potenzwerte in der Multiplikationsmauer.

a)
- oben: 8^{22}
- Mitte: 8^8 | 8^{14}
- unten: 8^6 | 8^2 | 8^{12}

b)
- oben: $\left(\frac{3}{2}\right)^4$
- Mitte: 1 | $\left(\frac{3}{2}\right)^4$
- unten: $\frac{2}{3}$ | $\left(\frac{2}{3}\right)^{-1}$ | $\left(\frac{3}{2}\right)^3$

c)
- oben: a^5b^{10}
- Mitte: a^3b^6 | a^2b^4
- unten: a^2b | ab^5 | ab^{-1}

4 Schreibe als eine Potenz der Form a^b mit $b \in \mathbb{N}$. Achte sehr genau auf die Klammersetzung.

a) $(8^4)^3 =$ 8^{12}

b) $(8^3)^4 =$ 8^{12}

c) $(-8^3)^4 =$ 8^{12}

d) $8^{(3^4)} =$ 8^{81}

e) $[(-3)^7]^3 =$ $(-3)^{21}$

f) $[(-0{,}1)^3]^7 =$ $(-0{,}1)^{21}$

g) $\left(\left(\frac{3}{10}\right)^5\right)^9 =$ $\left(\frac{3}{10}\right)^{45}$

h) $[(-0{,}29)^7]^0 =$ $(-0{,}29)^0$

i) $(2^{-3})^{-4} =$ 2^{12}

j) $\left(\frac{1}{3}\right)^{-3} =$ 3^3

k) $\left(\frac{1}{16}\right)^{-2} =$ 16^2

l) $(((3)^1)^2)^3 =$ 3^6

5 Ordne den Rechnungen ihre Ergebnisse zu und verbinde sie. Das Startkärtchen ist gekennzeichnet. Im letzten Kärtchen (hellblau) fehlt das Ergebnis.

- Start | $2^{-9} : 2^3 =$
- 1 | $2 : 2^7 =$
- $\frac{1}{64}$ | $2^9 : 2^7 =$
- 8 | $[(2^2)^3]^2 =$
- 2^{-12} | $2^{-7} : 2^{-3} =$
- -8 | Ende
- 2^2 | $2 \cdot 2^4 \cdot 2^{-2} =$
- 2^{-4} | $(2^2)^3 =$
- 2^6 | $2^{13} \cdot 2^{-13} =$
- 16 | $(-2)^3 =$
- 2^{12} | $2 : 2^{-3} =$

1 Vervollständige die Tabelle.

a)

Quadratzahl	144	196	484	676
Quadratwurzel	12	14	22	26

b)

Kubikzahl	216	512	1331	2197
Kubikwurzel	6	8	11	13

2 Bestimme die Wurzel im Kopf.

a) $\sqrt{225} =$ 15

b) $\sqrt{36^2} =$ 36

c) $\sqrt[3]{8^2} =$ 4

d) $\sqrt[3]{1{,}5^3} =$ 1,5

e) $\sqrt{9^3} =$ 27

f) $\sqrt[3]{18^3} =$ 18

g) $\sqrt{100^3} =$ 1000

h) $\sqrt{16^3} =$ 64

3 Nutze die gegebene Wurzel. Wie lautet die Wurzel aus der gegebenen Zahl? Kreuze an.

a)	$\sqrt{121} = 11$	$\sqrt{1{,}21} =$	☐ 11,1	☒ 1,1	☐ 1,01	☐ 0,11
b)	$\sqrt{16} = 4$	$\sqrt{0{,}16} =$	☐ 40	☐ 4,4	☒ 0,4	☐ 0,04
c)	$\sqrt{9} = 3$	$\sqrt{0{,}0009} =$	☐ 0,3	☒ 0,03	☐ 0,003	☐ 0,0003
d)	$\sqrt{625} = 25$	$\sqrt{0{,}0625} =$	☐ 25,0	☐ 2,5	☒ 0,25	☐ 0,025
e)	$\sqrt[3]{27} = 3$	$\sqrt[3]{0{,}027} =$	☒ 0,3	☐ 0,03	☐ 0,003	☐ 0,0003
f)	$\sqrt[3]{1000} = 10$	$\sqrt[3]{0{,}000001} =$	☐ 1,0	☐ 0,1	☒ 0,01	☐ 0,001

4 <, > oder =? Setze richtig ein. Begründe die Ungleichheit mithilfe einer Quadratwurzel.

a) $\sqrt{8}$ [<] 3, denn $\sqrt{8} < \sqrt{9}$

b) $\sqrt{15}$ [<] 4, denn $\sqrt{15} < \sqrt{16}$

c) $\sqrt{38}$ [>] 6, denn $\sqrt{38} > \sqrt{36}$

d) $\sqrt{220}$ [<] 15, denn $\sqrt{220} < \sqrt{225}$

e) $\sqrt{625}$ [=] 25, denn $\sqrt{625} = \sqrt{625}$

f) $\sqrt{881}$ [<] 30, denn $\sqrt{881} < \sqrt{900}$

g) $\sqrt{80{,}5}$ [>] 8, denn $\sqrt{80{,}5} > \sqrt{64}$

h) $\sqrt{48{,}9}$ [<] 7, denn $\sqrt{48{,}9} < \sqrt{49}$

5 Ergänze die Lücken, jede Lücke steht für eine Ziffer.

a) $\sqrt{121} = 11$

b) $\sqrt{196} = 14$

c) $\sqrt{25} = 5$

d) $\sqrt{64} = 8$

e) $\sqrt{441} = 21$

f) $\sqrt{400} = 20$

g) $\sqrt{144} = 12$

h) $\sqrt{1444} = 38$

i) $\sqrt[3]{64} = 4$

j) $\sqrt[3]{216} = 6$

6 Ordne die Wurzeln zwischen zwei natürlichen Zahlen am Zahlenstrahl ein.

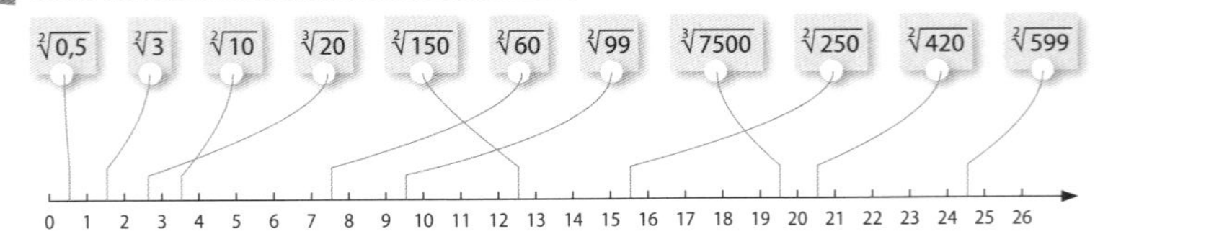

1 Sortiere die gegebenen Zahlen in die passende Zahlenmenge ein.

$\sqrt{7}$; $\sqrt{100}$; $\sqrt{12{,}25}$; $3\sqrt{5}$; $-\sqrt{0{,}09}$; $\sqrt{\frac{1}{25}}$; $\sqrt{1\frac{7}{9}}$; $\sqrt{0{,}49}$; $\sqrt{4000}$; $-0{,}2\sqrt{16}$; $-\sqrt{3}$; $\sqrt{-1}$; $\sqrt{\frac{7}{49}}$; $\sqrt{1{,}01}$

irrationale Zahlen: $3\sqrt{5}$, $\sqrt{1{,}01}$, $\sqrt{7}$, $\sqrt{4000}$, $-\sqrt{3}$, $\sqrt{\frac{7}{49}}$

rationale Zahlen: $\sqrt{12{,}25}$, $\sqrt{\frac{1}{25}}$, $\sqrt{100}$, $\sqrt{0{,}49}$, $-\sqrt{0{,}09}$, $\sqrt{1\frac{7}{9}}$, $-0{,}2\sqrt{16}$

Rest: $\sqrt{-1}$ ↯

2 Kreuze an.

	Die Zahl … ist eine …	natürliche Zahl.	ganze Zahl.	rationale Zahl.	irrationale Zahl.	reelle Zahl.
a)	$\sqrt{4}$	x	x	x		x
b)	$-\frac{2}{3}$			x		x
c)	6,25			x		x
d)	$-\sqrt{2}$				x	x
e)	$-\sqrt{144}$		x	x		x
f)	$\sqrt{16{,}9}$				x	x

3 Wahr oder falsch? Kreise ein. Die richtigen Lösungen ergeben ein Lösungswort.

	wahr	falsch
a) Die Wurzel aus einer natürlichen Zahl ist stets irrational.	F	(Z)
b) Jede rationale Zahl ist auch eine reelle Zahl.	(A)	U
c) Es gibt Zahlen, die zugleich rational und irrational sind.	C	(H)
d) Man kann stets die Wurzel aus einer ganzen Zahl ziehen.	E	(L)
e) Eine natürliche Zahl ist zugleich auch eine reelle Zahl.	(E)	A
f) Die reellen Zahlen umfassen alle rationalen und irrationalen Zahlen.	(N)	M

Lösungswort: ZAHLEN

4 Kreise im Zahlenspeicher alle irrationalen Zahlen ein und sortiere sie (möglichst ohne Taschenrechner) so ein, dass wahre Aussagen entstehen.

a) $0{,}7 <$ $\sqrt{0{,}6}$ $< 0{,}9$ b) $10 <$ $\sqrt{140}$ < 12 c) $\frac{1}{9} <$ $\sqrt{\frac{1}{60}}$ $< \frac{1}{7}$

d) $0{,}2 <$ $\sqrt{0{,}048}$ $< 0{,}3$ e) $2 <$ $\sqrt{5}$ $< 2{,}5$ f) $\frac{5}{9} <$ $\sqrt{\frac{50}{81}}$ $< \frac{8}{9}$

Zahlenspeicher: ($\sqrt{\frac{50}{81}}$) $\sqrt{0{,}04}$ $\sqrt{\frac{49}{81}}$ ($\sqrt{5}$) ($\sqrt{\frac{1}{60}}$) $\sqrt{4{,}41}$ ($\sqrt{0{,}6}$) ($\sqrt{140}$) $\sqrt{0{,}64}$ ($\sqrt{0{,}048}$) $\sqrt{121}$

1 Kreuze an, ob richtig umgeformt wurde. Verbessere falsche Ergebnisse.

a) $\sqrt{1+3\cdot16}=(1+4)\cdot\sqrt{3}=5\sqrt{3}$	b) $\sqrt{9+16}=\sqrt{9}+\sqrt{16}=3+4=7$	c) $\sqrt{4\cdot36}=\sqrt{4}\cdot\sqrt{36}=2\cdot6=12$
☐ richtig ☒ falsch	☐ richtig ☒ falsch	☒ richtig ☐ falsch
$\sqrt{1+3\cdot16}=\sqrt{1+48}=\sqrt{49}=7$	$\sqrt{9+16}=\sqrt{25}=5$	
d) $\sqrt{(-3)^2}=\sqrt{9}=3$	e) $(\sqrt{-3})^2=-3$	f) $\sqrt{169-144}=13-12=1$
☒ richtig ☐ falsch	☐ richtig ☒ falsch	☐ richtig ☒ falsch
	$\sqrt{-3}$ ↯ negativer Radikand!	$\sqrt{169-144}=\sqrt{25}=5$
g) $\frac{\sqrt{10000}}{\sqrt{14400}}=\sqrt{\frac{10000}{14400}}=\sqrt{\frac{100}{144}}=\frac{10}{12}=\frac{5}{6}$	h) $\sqrt{\frac{2}{9}}+\sqrt{\frac{23}{9}}=\sqrt{\frac{2}{9}+\frac{23}{9}}=\sqrt{\frac{25}{9}}=\frac{5}{3}$	i) $\frac{\sqrt{17}}{\sqrt{68}}=\sqrt{\frac{17}{68}}=\frac{1}{4}=2$
☒ richtig ☐ falsch	☐ richtig ☒ falsch	☐ richtig ☒ falsch
	$\sqrt{\frac{2}{9}}+\sqrt{\frac{23}{9}}=\frac{1}{3}\sqrt{2}+\frac{1}{3}\sqrt{23}$	$\sqrt{\frac{1}{4}}=\frac{1}{2}$

2 Vervollständige die Multiplikations- bzw. Divisionstabellen.

a)

1. Faktor · 2. Faktor	$\sqrt{5}$	$-\sqrt{11}$	$4\sqrt{3}$
$\sqrt{7}$	$\sqrt{35}$	$-\sqrt{77}$	$4\sqrt{21}$
$-2\sqrt{3}$	$-2\sqrt{15}$	$2\sqrt{33}$	$-8\cdot3=-24$
$4\sqrt{11}$	$4\sqrt{55}$	$-4\cdot11=-44$	$16\sqrt{33}$

b)

Dividend : Divisor	$\sqrt{2}$	$-5\sqrt{3}$	$\sqrt{0{,}5}$
$20\sqrt{18}$	$20\sqrt{9}=60$	$-4\sqrt{6}$	$20\sqrt{36}=120$
$-8\sqrt{6}$	$-8\sqrt{3}$	$+1{,}6\sqrt{2}$	$-8\sqrt{12}=-16\sqrt{3}$
$60\sqrt{54}$	$60\sqrt{27}=180\sqrt{3}$	$-12\sqrt{18}=-36\sqrt{2}$	$60\sqrt{108}=360\sqrt{3}$

3 Fasse zusammen und radiziere ohne Taschenrechner so weit wie möglich.

a) $\sqrt{12}\cdot\sqrt{3}=\sqrt{12\cdot3}=\sqrt{36}=$ 6

b) $\sqrt{704}:\sqrt{11}=$ $\sqrt{64}=8$

c) $\sqrt{\frac{10}{21}}:\sqrt{\frac{7}{5}}=\sqrt{\frac{10}{21}:\frac{7}{5}}=\sqrt{\frac{10}{21}\cdot\frac{5}{7}}=$ $\frac{5}{7}\sqrt{\frac{2}{2}}$

d) $\sqrt{6}\cdot\sqrt{15}\cdot\sqrt{45}=$ $\sqrt{2\cdot3\cdot15\cdot3\cdot15}=45\sqrt{2}$

e) $0{,}5\sqrt{6}\cdot(\sqrt{15}+2\sqrt{18})=$ $0{,}5\sqrt{2\cdot3\cdot3\cdot5}+\sqrt{6\cdot6\cdot3}=1{,}5\sqrt{10}+6\sqrt{3}$

4 Man gelangt von einem Kästchen zum nächsten, indem man die im Pfeil angegebene Rechenoperation ausführt. Vervollständige die Kästchen bzw. Pfeile.

a) $\sqrt{3}$ → $\cdot\sqrt{10}$ → $\sqrt{30}$ → $+5\sqrt{30}$ → $6\sqrt{30}$ → $:4\sqrt{15}$ → $1{,}5\sqrt{2}$ → $\cdot\sqrt{2}$ → 3

b) 6 → $:\sqrt{6}$ → $\sqrt{6}$ → $\cdot(-6)$ oder $-7\sqrt{6}$ → $-6\sqrt{6}$ → $:3\sqrt{2}$ → $-2\sqrt{3}$ → $\cdot(-3{,}5)$ oder $+9\sqrt{3}$ → $7\sqrt{3}$

c) $3\sqrt{2}$ → $\cdot(-2\sqrt{5})$ → $-6\sqrt{10}$ → $\cdot4\sqrt{3}$ → $-24\sqrt{30}$ → $\cdot\frac{1}{2}\sqrt{\frac{1}{6}}$ → $-12\sqrt{5}$ → $:6\sqrt{15}$ → $-2\sqrt{\frac{1}{3}}$

I. Zahlen als Zehnerpotenzen darstellen

1 **a)** Schreibe als Dezimalzahl.

1. $2{,}4 \cdot 10^{-5} =$ 0,000024 $\quad 2{,}4 \cdot 10^{5} =$ 240000
2. $7{,}453 \cdot 10^{-8} =$ 0,00000007453 $\quad 7{,}453 \cdot 10^{8} =$ 745 300 000

b) Schreibe mit einer Zehnerpotenz.

1. $245\,000 = 2{,}45 \cdot 10^{5}$ $\quad 0{,}000245 = 2{,}45 \cdot 10^{-4}$
2. $-0{,}0000046 = -4{,}6 \cdot 10^{-6}$ $\quad -46\,000\,000 = -4{,}6 \cdot 10^{7}$

2 Ordne die Zahlen der Größe nach.

a) $10^3; (-10)^{-4}; 10^{-2}; (-10)^5; (-10)^{-3}$

$$(-10)^5 < (-10)^{-3} < (-10)^{-4} < 10^{-2} < 10^3$$

b) $4{,}3 \cdot 10^3; 2{,}1 \cdot 10^{-5}; -3{,}8 \cdot 10^2; 6{,}9 \cdot 10^0; -2{,}5 \cdot 10^{-6}$

$$-3{,}8 \cdot 10^2 < -2{,}5 \cdot 10^{-6} < 2{,}1 \cdot 10^{-5} < 6{,}9 \cdot 10^0 < 4{,}3 \cdot 10^3$$

II. Potenzgesetze anwenden

3 Ein Stein in der Zahlenmauer enthält das Produkt der darunter liegenden Steine. Vervollständige.

a)

x^{19}

x^8 | $2x^{11}$

x^2 | x^6 | $2x^5$

1 | x^2 | x^4 | $2x$

b)

$x^{13}y^{10}$

x^7y^4 | x^6y^6

x^4y | x^3y^3 | x^3y^3

x^2 | x^2y | xy^2 | x^2y

4 Korrigiere die fehlerhaften Berechnungen.

a) $a^4 + a^3 = a^{4+3} = a^7$ Korrektur: $a^4 + a^3$ (nicht weiter zu vereinfachen)

b) $\frac{2b^2}{3b^3} = \frac{2}{3}b^{3-2} = \frac{2}{3}b$ Korrektur: $\frac{2b^2}{3b^3} = \frac{2}{3}b^{2-3} = \frac{2}{3}b^{-1} = \frac{2}{3b}$

c) $c \cdot c^5 \cdot \frac{1}{c^2} = c^{0+5-2} = c^3$ Korrektur: $c \cdot c^5 \cdot \frac{1}{c^2} = c^{1+5-2} = c^4$

5 Kreuze die richtige Potenz an

a) $(2{,}4^3)^4 =$? ☐ $2{,}43^4$ ☐ $2{,}4^7$ ☒ $2{,}4^{12}$

b) $(1{,}5^5)^{-2} =$? ☒ $1{,}5^{-10}$ ☐ $1{,}5^{-3}$ ☐ $1{,}5^{+3}$

c) $(1{,}6^5)^0 =$? ☒ 1 ☐ $1{,}6^5$ ☐ $1{,}6^{50}$

III. Mit reellen Zahlen rechnen

6 Markiere zuerst Quadratzahlen bzw. „Zahlenpärchen“ und radiziere dann so weit wie möglich (a, b, x und y sind positive, reelle Zahlen).

a) $\sqrt{2 \cdot 9} = 3\sqrt{2}$ $\quad \sqrt{5 \cdot 2 \cdot 5} = 5\sqrt{2}$

$\sqrt{4 \cdot 7 \cdot 2 \cdot 7} = 2 \cdot 7\sqrt{2} = 14\sqrt{2}$ $\quad \sqrt{16 \cdot 11} = 4\sqrt{11}$

b) $\sqrt{11 \cdot 11 \cdot 3} = 11\sqrt{3}$ $\quad \sqrt{12 \cdot 25 \cdot 12 \cdot 2} = 5 \cdot 12\sqrt{2} = 60\sqrt{2}$

$\sqrt{y \cdot x \cdot y} = y\sqrt{x}$ $\quad \sqrt{a^6 \cdot b^3 \cdot b \cdot b^3} = a^3b^3\sqrt{b}$

7 Das abgebildete Labyrinth besteht aus quadratischen Säulen, bei denen man sich nur entlang der Kanten bewegen kann. Die Punkte A bis D bezeichnen die Zu- bzw. Ausgänge zum Labyrinth. Berechne die Länge …

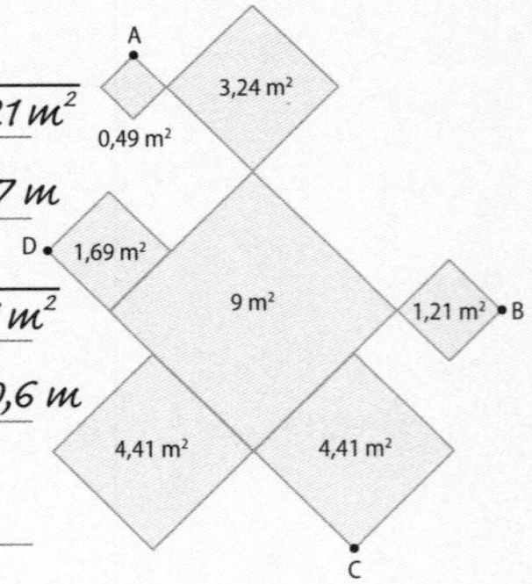

a) des kürzesten Weges von A nach B:

$\sqrt{0{,}49\,m^2} + \sqrt{3{,}24\,m^2} + \sqrt{9\,m^2} + 2 \cdot \sqrt{1{,}21\,m^2}$

$= 0{,}7\,m + 1{,}8\,m + 3\,m + 2 \cdot 1{,}1\,m = 7{,}7\,m$

b) des kürzesten Weges von A nach C:

$\sqrt{0{,}49\,m^2} + \sqrt{3{,}24\,m^2} + 2 \cdot \sqrt{9\,m^2} + \sqrt{4{,}41\,m^2}$

$= 0{,}7\,m + 1{,}8\,m + 2 \cdot 3\,m + 2{,}1\,m = 10{,}6\,m$

c) des kürzesten Weges von C nach D:

$\sqrt{4{,}41\,m^2} + \sqrt{9\,m^2} + \sqrt{1{,}69\,m^2}$

$= 2{,}1\,m + 3\,m + 1{,}3\,m = 6{,}4\,m$

8 Nutze die Rechengesetze für Wurzeln, um die Zahl zu vereinfachen.
Beispiel:

$\sqrt{125} = \sqrt{25 \cdot 5} = \sqrt{25} \cdot \sqrt{5} = 5\sqrt{5}$

$\sqrt{162} = \sqrt{81 \cdot 2} = \sqrt{81} \cdot \sqrt{2} = 9\sqrt{2}$

$\sqrt{28} = \sqrt{4 \cdot 7} = \sqrt{4} \cdot \sqrt{7} = 2\sqrt{7}$

$\sqrt{75} = \sqrt{25 \cdot 3} = \sqrt{25} \cdot \sqrt{3} = 5\sqrt{3}$

Teil	Ich kann bei einfachen Aufgaben …	Aufgaben	Kreuze an. 0–2	3–4	5–6
I.	Zahlen als Zehnerpotenzen darstellen.	1, 2	☹	😐	☺
II.	Potenzgesetze anwenden.	3, 4, 5	☹	😐	☺
III.	mit reellen Zahlen rechnen.	6, 7, 8	☹	😐	☺

1 Kreuze die Punkte an, die auf der Normalparabel liegen.

[x] A (3|9) [ ] B (2|6) [x] C (−3|9) [ ] D (−2|−4) [ ] E (9|3) [x] I (0|0)

2 Die Punkte A bis J sollen auf der Normalparabel liegen. Gib, falls möglich, die fehlenden Werte an.

A (−4| 16) B (2,4| 5,76) C (−1,2| 1,44) D (±4 |16) E (— |−16)

F ($\pm\sqrt{2}$ |2) G ($\pm\frac{1}{2}$ | $\frac{1}{4}$) H (— | $-\sqrt{3}$) I ($3\sqrt{3}$ | 27) J (±x | x^2)

3 Kreuze die richtigen Aussagen zur Normalparabel an.

- [x] Der Scheitelpunkt liegt bei (0|0).
- [ ] Zu jedem Funktionswert gibt es zwei Argumente.
- [x] Die Normalparabel hat nur eine Nullstelle.
- [ ] Der Punkt (−2|−4) liegt auf der Normalparabel.
- [x] Die Normalparabel hat keine negativen Funktionswerte.
- [x] Der Punkt (−5|25) liegt auf der Normalparabel.
- [ ] Der größte Funktionswert ist beim Scheitelpunkt.
- [ ] Die Normalparabel ist eine nach unten geöffnete Parabel.
- [x] Die Normalparabel verläuft symmetrisch zur x-Achse.

4 Gib einen Funktionswert so an, dass der Punkt P oberhalb der Normalparabel liegt.

a) P(−2| > 4) **b)** P(2,5| > 6,25) **c)** P(0| > 0) **d)** P(−10| > 100) **e)** P($\sqrt{3}$ | > 3)

5 **a)** Zeichne die Normalparabel mindestens im Intervall $-2,5 \le x \le 2,5$.
b) Kreuze die richtigen Aussagen an. Der Punkt …

- [x] A (−2|−4) liegt unterhalb der Normalparabel.
- [ ] B (3|3) liegt auf der Normalparabel.
- [x] C (2|4) liegt auf der Normalparabel.
- [ ] D (2,5|6,25) liegt oberhalb der Normalparabel.
- [x] E (−2|6) liegt oberhalb der Normalparabel.
- [ ] F (−1|1,5) liegt unterhalb der Normalparabel.

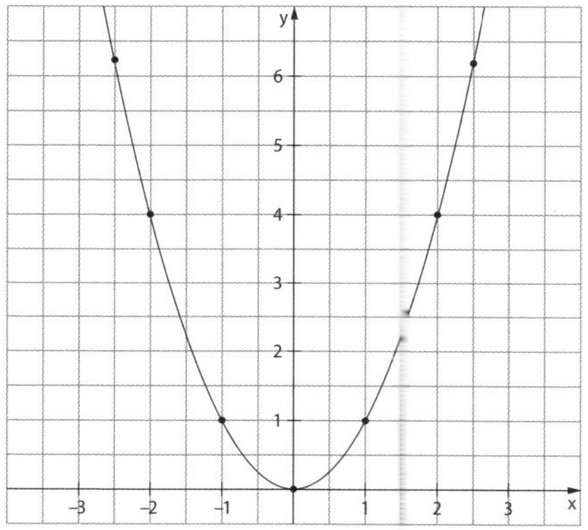

6 Setze die Begriffe **unterhalb**, **oberhalb** oder **auf** korrekt ein.
Der Punkt …

a) A (3|6) liegt unterhalb der Normalparabel.
b) B (−5|26) liegt oberhalb der Normalparabel.
c) C (−5|−25) liegt unterhalb der Normalparabel.
d) D (1,5|2,25) liegt auf der Normalparabel.

1 Die Graphen der gegebenen Funktionen ($\mathbb{D} = \mathbb{R}$) sind jeweils verschobene Normalparabeln. Ordne die Koordinaten der Scheitelpunkte den Funktionsgleichungen zu.

$f(x) = x^2 + 4$	$f(x) = x^2 - 4$	$f(x) = (x-4)^2$	$f(x) = (x+4)^2$
S (4|0)	S (0|4)	S (−4|0)	S (0|−4)

(Zuordnung: $f(x) = x^2 + 4$ – S (0|4); $f(x) = x^2 - 4$ – S (0|−4); $f(x) = (x-4)^2$ – S (4|0); $f(x) = (x+4)^2$ – S (−4|0))

2 Gegeben sind Parabeln. Kreuze jeweils den zugehörigen Funktionsterm an.

a) 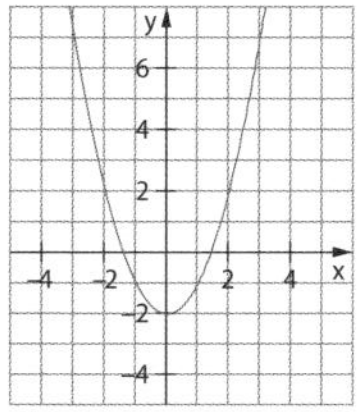

- [ ] $f(x) = x^2 + 2$
- [x] $f(x) = x^2 - 2$
- [ ] $f(x) = (x+2)^2$
- [ ] $f(x) = (x-2)^2$

b) 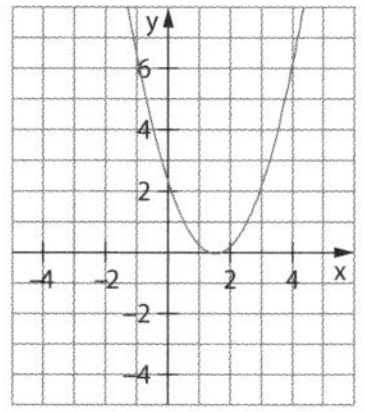

- [ ] $f(x) = x^2 + 1,5$
- [ ] $f(x) = x^2 - 1,5$
- [ ] $f(x) = (x+1,5)^2$
- [x] $f(x) = (x-1,5)^2$

c) 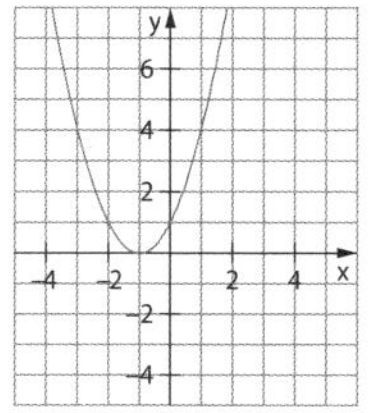

- [ ] $f(x) = x^2 + 1$
- [ ] $f(x) = x^2 - 1$
- [x] $f(x) = (x+1)^2$
- [ ] $f(x) = (x-1)^2$

d) 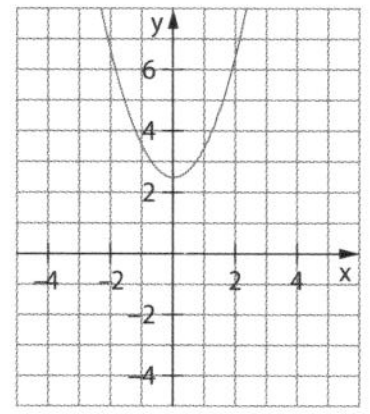

- [x] $f(x) = x^2 + 2,5$
- [ ] $f(x) = x^2 - 2,5$
- [ ] $f(x) = (x+2,5)^2$
- [ ] $f(x) = (x-2,5)^2$

3 Die Parabeln haben alle die Form einer Normalparabel. Gib jeweils die Funktionsgleichung an.

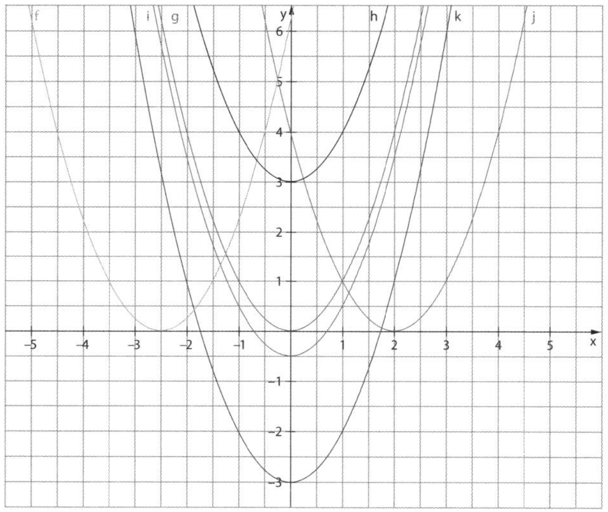

f(x) = $(x + 2,5)^2$
f(x) = x^2
f(x) = $x^2 + 3$
f(x) = $x^2 - 0,5$
f(x) = $(x - 2)^2$
f(x) = $x^2 - 3$

4 Gegeben sind die Scheitelpunkte von verschobenen Normalparabeln.

1 $S\left(\frac{1}{2}\middle|0\right)$ **2** $S(0|1{,}5)$ **3** $S(0|-2{,}5)$ **4** $S\left(-\frac{3}{2}\middle|0\right)$

a) Zeichne die Graphen mit verschiedenen Farben in das Koordinatensystem.

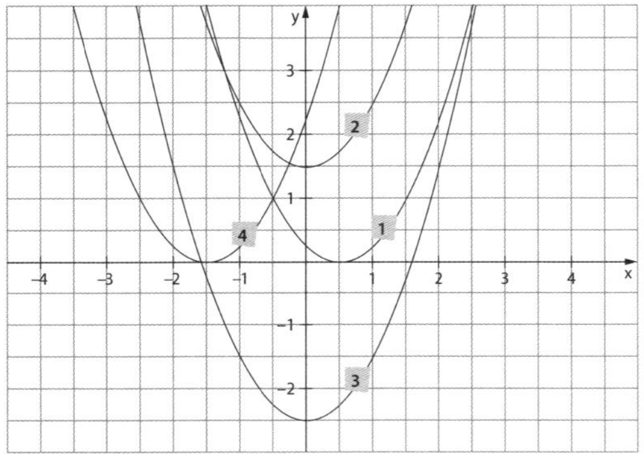

b) Gib die zugehörigen Funktionsgleichungen an.

1 $f(x) = \left(x - \frac{1}{2}\right)^2$

2 $f(x) = x^2 + 1{,}5$

3 $f(x) = x^2 - 2{,}5$

4 $f(x) = \left(x + \frac{3}{2}\right)^2$

5 Gegeben sind die Scheitelpunkte von verschobenen Normalparabeln. Kreuze an, ob der Graph die entsprechende Eigenschaft besitzt oder nicht.

Der Graph …	a) $S(0\|0{,}1)$	b) $S\left(1\frac{1}{3}\middle\|0\right)$	c) $S(-1{,}75\|0)$	d) $S\left(0\middle\|-\frac{1}{8}\right)$
schneidet die y-Achse.	x	x	x	x
hat … Nullstelle(n).	[x] 0 [ ] 1 [ ] 2	[ ] 0 [x] 1 [ ] 2	[ ] 0 [x] 1 [ ] 2	[ ] 0 [ ] 1 [x] 2

6 Zehn Parabeln sind durch ihre Gleichungen gegeben.

1 $f(x) = (x-8)^2$ **2** $f(x) = (x+2)^2$ **3** $f(x) = x^2 + 2$ **4** $f(x) = (x-1{,}5)^2$ **5** $f(x) = x^2 - 4$

6 $f(x) = x^2 - 7{,}5$ **7** $f(x) = (x-1)^2$ **8** $f(x) = (x+2{,}5)^2$ **9** $f(x) = \left(x - \frac{1}{3}\right)^2$ **10** $f(x) = x^2 + 2{,}5$

Kreuze an, ob die Aussage jeweils richtig oder flasch ist.

	Aussage	richtig	falsch
a)	Bei 60 % der Parabeln liegt der Scheitelpunkt auf der x-Achse.	x	
b)	40 % der Parabeln sind verschobene Normalparabeln.		x
c)	50 % der Parabeln sind entlang der y-Achse verschoben.		x
d)	Bei 40 % der Parabeln hat der Scheitelpunkt eine positive x-Koordinate.	x	

7 **a)** Bestimme alle Werte für $q \in \mathbb{R}$ so, dass der Graph der Funktion $f(x) = x^2 + q$ …

1 genau eine Nullstelle hat. $q = 0$ **2** keine Nullstelle hat. $q > 0$

b) Bestimme alle Werte für $d \in \mathbb{R}$ so, dass der Graph der Funktion $f(x) = (x+d)^2$ …

1 genau eine Nullstelle hat. $d \in \mathbb{R}$ **2** keine Nullstelle hat. nicht möglich

1 Ordne Funktionsgleichungen und Graphen einander zu. Beachte die Achseneinteilung.

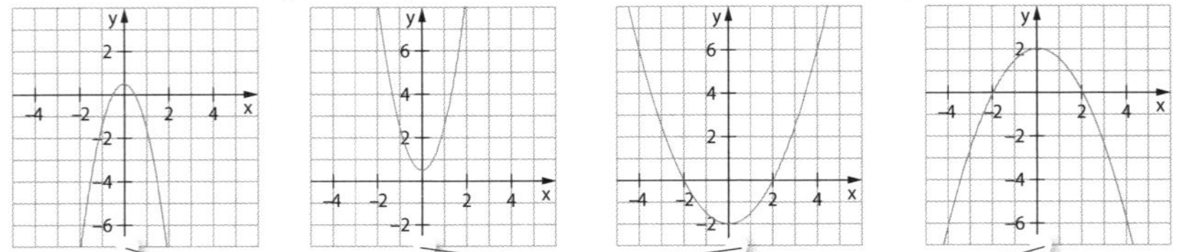

$f(x) = \frac{1}{2}x^2 - 2$ | $f(x) = -2x^2 + \frac{1}{2}$ | $f(x) = -\frac{1}{2}x^2 + 2$ | $f(x) = 2x^2 + \frac{1}{2}$

2 Gib die zugehörige Funktionsgleichung an.

a)

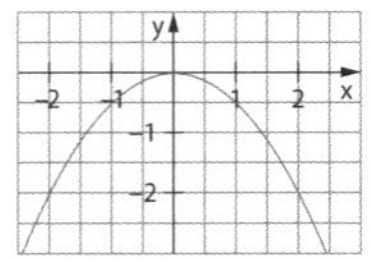

$f(x) = -\frac{1}{2}x^2$

b)

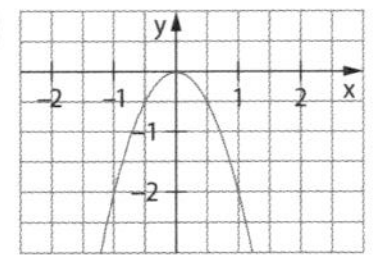

$f(x) = -2x^2$

c)

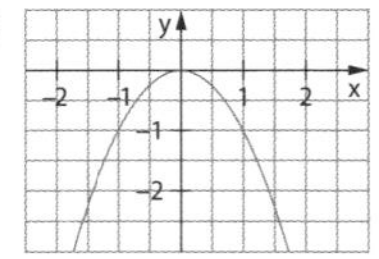

$f(x) = -x^2$

3 Berechne die Funktionswerte in der Tabelle und zeichne damit den zugehörigen Graph der Funktion.
Gib den Scheitelpunkt S an.

a) $f(x) = 0{,}5x^2 + 2$ S(0 | 2)

x	−2	−1	0	1	2
f(x)	4	2,5	2	2,5	4

b) $f(x) = 2x^2 - 3$ S(0 | −3)

x	−2	−1	0	1	2
f(x)	5	−1	−3	−1	5

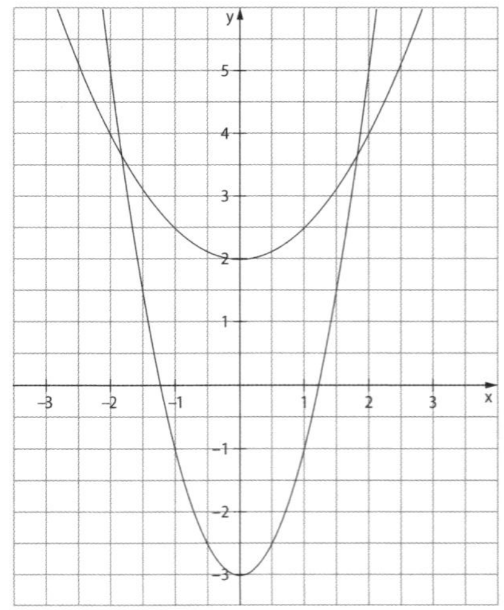

4 Entscheide, ob die Graphen der Funktionen im Vergleich zur Normalparabel gestreckt oder gestaucht sind.

		gestreckt	gestaucht
a)	$f(x) = 5x^2 + 2$	x	
b)	$f(x) = -0{,}2x^2 + 3$		x
c)	$f(x) = 0{,}5 + 2x^2$	x	
d)	$f(x) = 300x^2 - 0{,}001$	x	
e)	$f(x) = -x^2 - 0{,}25$		

1 a) Bestimme die Koordinaten der Scheitelpunkte der Funktionsgleichungen.

1 $f(x) = (x+3)^2 + 4$	S_1 (−3 | 4)	2 $f(x) = (x+2)^2$	S_2 (−2 | 0)
3 $f(x) = (x+3)^2 - 4$	S_3 (−3 | −4)	4 $f(x) = (x+1)^2 - 1{,}5$	S_4 (−1 | −1,5)
5 $f(x) = x^2 - 4$	S_5 (0 | −4)	6 $f(x) = (x-1)^2 - 1{,}5$	S_6 (1 | −1,5)
7 $f(x) = -(x-3)^2 - 4$	S_7 (3 | −4)	8 $f(x) = (x-2)^2$	S_8 (2 | 0)
9 $f(x) = (x-3)^2 + 4$	S_9 (3 | 4)	10 $f(x) = -x^2 + 3$	S_{10} (0 | 3)

b) Trage die Scheitelpunkte aus a) in das Koordinatensystem ein und verbinde die Scheitelpunkte zum Zehneck $S_1S_2 \dots S_{10}$.

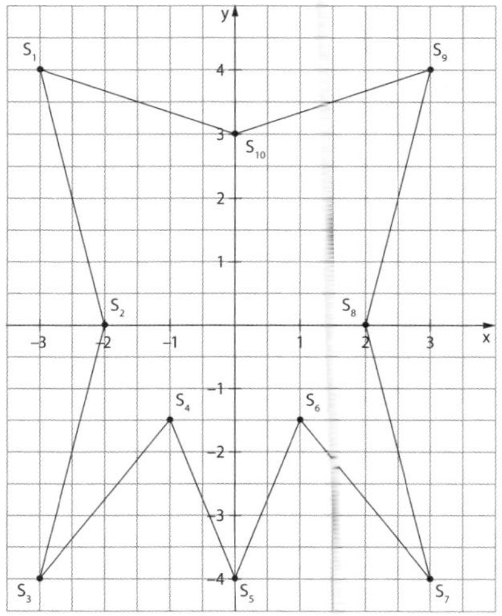

c) Miss die Länge des Umfangs des Zehnecks.

Die Umfangslänge beträgt knapp 35 cm.

d) Begründe, dass man nur vier Streckenlängen kennen muss, um die Länge des Umfangs des Zehnecks zu bestimmen.

Aufgrund der Symmetrie einiger Strecken zur x- bzw. y-Achse gilt:

1 $\overline{S_1S_2} = \overline{S_2S_3} = \overline{S_7S_8} = \overline{S_8S_9}$

2 $\overline{S_9S_{10}} = \overline{S_{10}S_1}$

3 $\overline{S_3S_4} = \overline{S_6S_7}$

4 $\overline{S_4S_5} = \overline{S_5S_6}$

2 Kreuze die Funktionen an, bei denen der Scheitelpunkt korrekt angegeben ist.

a) ☐ $f(x) = x^2 + 3x - 4$ — S (−1,5 | −6,5)
b) ☒ $f(x) = x^2 - 4x + 2$ — S (2 | −2)
c) ☒ $f(x) = x^2 - x + 1$ — $S\left(\frac{1}{2} \middle| \frac{3}{4}\right)$
d) ☐ $f(x) = x^2 + 9x + 10$ — S (−4,5 | −10)
e) ☒ $f(x) = x^2 - 4x + 5$ — S (2 | 1)
f) ☒ $f(x) = x^2 - 2x + 1$ — S (1 | 0)
g) ☐ $f(x) = x^2 + 6x - 2{,}5$ — S (−3 | −10,5)
h) ☒ $f(x) = x^2 - 4x + 2{,}5$ — S (2 | −1,5)

3 Von zwei nach oben geöffneten Normalparabeln ist jeweils der Scheitelpunkt S bekannt. Bestimme die zugehörige Funktionsgleichung in der Normalform.

a) S (−4 | 3)

$f(x) = (x+4)^2 + 3$

$f(x) = x^2 + 8x + 19$

b) S (3 | −4)

$f(x) = (x-3)^2 - 4$

$f(x) = x^2 - 6x + 5$

1 Gib die Eigenschaften der dargestellten Funktionen an. Vervollständige dazu die Tabelle.

Eigenschaft	a)	b)
Scheitelpunkt	$S(-2 \mid 0)$	$S(-1 \mid 4)$
Definitionsbereich	$x \in \mathbb{R}$	$x \in \mathbb{R}$
Wertebereich	$y \geq 0$	$y \leq 4$
Monotonie	$x < -2$ fallend $x > -2$ steigend	$x < -1$ steigend $x > -1$ fallend
Nullstellen	$x = -2$	$x_1 = -3$; $x_2 = 1$
Schnittpunkt mit der y-Achse	$P_y(0 \mid 4)$	$P_y(0 \mid 3)$
Symmetrie	achsensymmetrisch zu $x = -2$	achsensymmetrisch zu $x = -1$

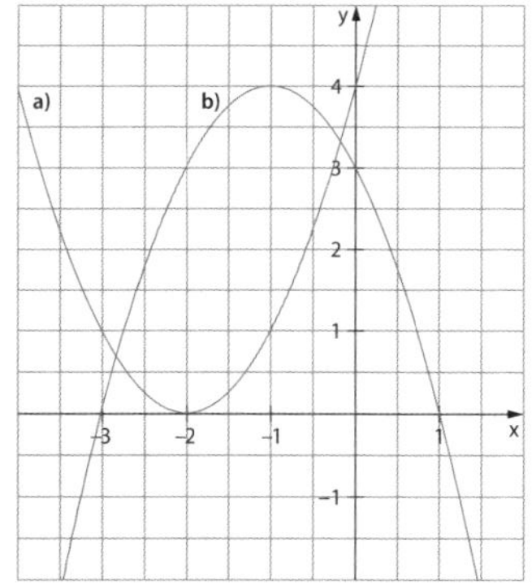

2 Gegeben ist eine Funktion mit der Gleichung $f(x) = -x^2 - 2x + 2$.
Vervollständige die Wertetabelle und zeichne den Graphen.
Nenne mindestens drei Eigenschaften dieser Funktion.

x	−3	−2	−1	0	1
f (x)	−1	2	3	2	−1

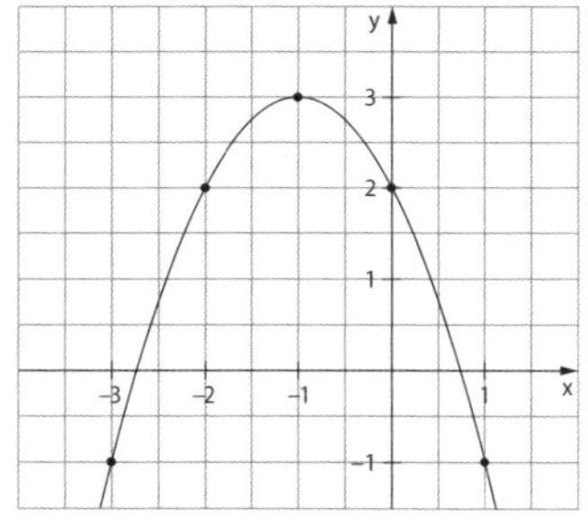

Lösungsmöglichkeit: nach unten geöffnete Parabel

$S(-1 \mid 3)$; $x_1 = -\sqrt{3} - 1$; $x_2 = \sqrt{3} - 1$

$P_y(0 \mid 2)$

3 Kreuze jeweils die richtigen Aussagen an.

a) Der Scheitelpunkt des Graphen der Funktion $f(x) = x^2 - 2$ liegt bei …
☐ (0 | 2). ☐ (2 | 0). ☐ (−2 | 0). ☐ (−2 | 0). ☒ (0 | −2).

b) Eine Nullstelle der Funktion $f(x) = x^2 - 4$ liegt bei …
☐ x = 4. ☒ x = 2. ☒ x = −2. ☐ x = 0. ☐ x = −4.

c) Der Scheitelpunkt des Graphen der Funktion $f(x) = x^2 - 2x + 4$ liegt bei …
☐ (−1 | 7). ☐ (1 | −3). ☐ (2 | 4). ☒ (1 | 3). ☐ (4 | 10).

4 Entscheide, ob die Aussagen richtig oder falsch sind.

		richtig	falsch
a)	Der Graph von $f(x) = -0{,}3x^2 - 2$ ist eine nach unten geöffnete Parabel.	☒	☐
b)	Die Funktion $f(x) = 1{,}5x^2 + 1$ hat den Scheitelpunkt S (0 | 1,5).	☐	☒
c)	Der Graph der Funktion $f(x) = -1{,}5x^2 - 1$ ist für $x < 0$ monoton steigend.	☒	☐
d)	Alle verschobenen Normalparabeln sind achsensymmetrisch zur y-Achse.	☐	☒

5 Behauptung: Wenn man die Nullstellen einer Parabel kennt, dann kennt man den Scheitelpunkt und die zugehörige Funktionsgleichung.

a) Widerlege die Behauptung, indem du in das Koordinatensystem verschiedene Parabeln einzeichnest, die die Nullstellen –2 und 3 haben.
b) Beschreibe die Lage aller Scheitelpunkte deiner Parabeln aus a).

Die Scheitelpunkte aller Parabeln mit Nullstellen –2 und 3 liegen auf der Gerade mit $x = 0{,}5$.

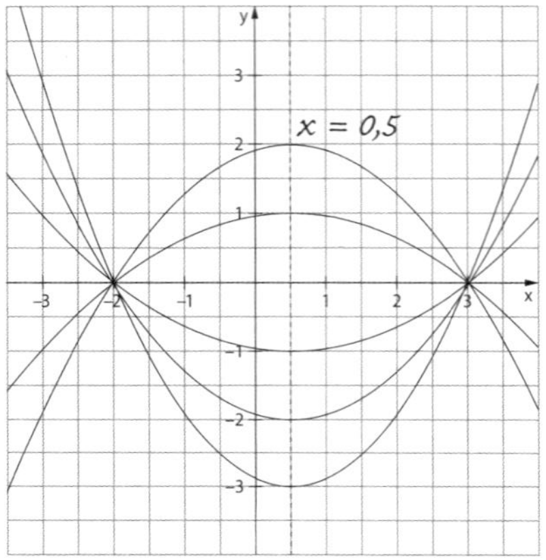

6 a) Bestimme den größten Wert, den die gegebene Funktion annehmen kann ($\mathbb{D} = \mathbb{R}$).

1 $f(x) = -1{,}5x^2 + 3$ — *3*
2 $f(x) = -(x-2)^2 + 2$ — *2*
3 $f(x) = -\frac{1}{3}x^2 + 4x + 2$ — *14*
4 $f(x) = -(x+1{,}5)^2 - 2$ — *–2*

b) Bestimme den kleinsten Wert, den die gegebene Funktion annehmen kann ($\mathbb{D} = \mathbb{R}$).

1 $f(x) = (x+3)^2 + 5$ — *5*
2 $f(x) = 2x^2 - 5$ — *–5*
3 $f(x) = \frac{1}{4}\left(x + \frac{1}{2}\right)^2 + \frac{3}{4}$ — *$\frac{3}{4}$*
4 $f(x) = 2{,}5x^2 + 3x - 3$ — *–3,9*

7 a) Trage in das Koordinatensystem das Quadrat RUDI mit R (–2 | 0), U (2 | 0), D (2 | 4) und I (–2 | 4) ein.
b) Zeichne anhand der Beschreibungen von Moni, Manu und Misu die zugehörigen Parabeln ein und bestimme die Funktionsgleichungen.

1 Moni: Meine Parabel hat den Mittelpunkt von UD als Scheitelpunkt und verläuft durch R.

Funktionsgleichung: *$f(x) = -\frac{1}{8}(x-2)^2 + 2$*

2 Manu: Meine Parabel verläuft durch die Mittelpunkte von $\overline{RD}$ und $\overline{UD}$ und berührt die x-Achse.

Funktionsgleichung: *$f(x) = 2 \cdot (x-1)^2$*

3 Misu: Meine Parabel ist eine verschobene Normalparabel, die nach unten geöffnet ist und den Diagonalenschnittpunkt des Quadrats RUDI als Scheitelpunkt besitzt.

Funktionsgleichung: *$f(x) = -x^2 + 2$*

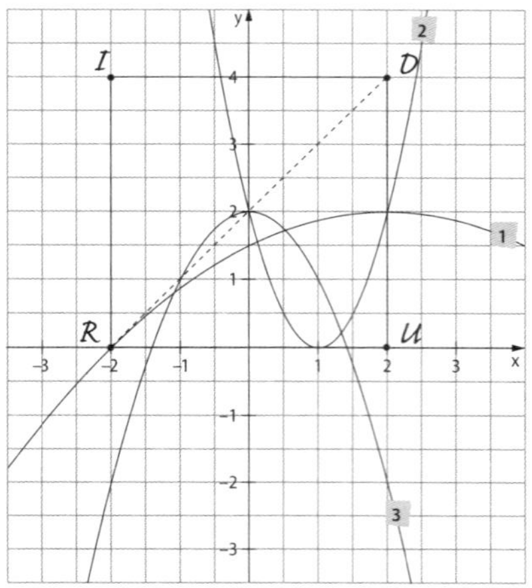

1 Für den freien Fall im luftleeren Raum gilt die Formel $s(t) = \frac{1}{2} \cdot g \cdot t^2$ (Fallbeschleunigung: $g \approx 10\,\frac{m}{s^2}$; Weg: s in m; Zeit: t in s).

a) Setze den Wert für g in die Formel ein. Zur Vereinfachung kannst du die Einheiten weglassen.

$s(t) = \frac{1}{2} \cdot 10 \cdot t^2 = 5t^2$

b) Setze für die Zeit t folgende Werte ein und berechne die Fallstrecke s.

t in s	0	1	2	3	4	5
s in m	*0*	*5*	*20*	*45*	*80*	*125*

c) Zeichne den Funktionsgraphen in das Koordinatensystem.

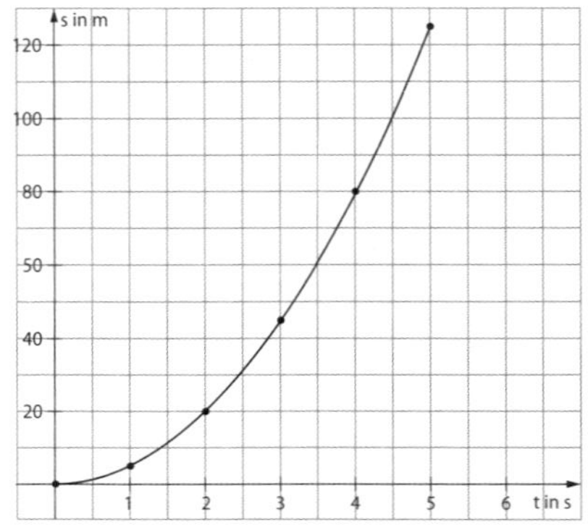

d) Berechne die Länge der Strecke, die ein Körper in 10 s zurücklegt.

$s(10) = 5 \cdot 10^2$
$s = 500\,m$

e) Berechne die Zeit, die ein Körper im freien Fall für 200 m braucht.

$200 = 5 \cdot t^2$
$40 = t^2 \Rightarrow t \approx 6{,}3\,s$

f) Bei e) erhältst du mathematisch zwei Lösungen. Begründe, warum nur eine dieser Lösungen richtig ist.

Beim Auflösen der Wurzel erhält man ein positives und ein negatives Ergebnis. Hier betrachten wir die Zeit, die bei $t = 0\,s$ beginnt, also ist die negative Lösung für die Aufgabe falsch.

2 Eine Flugbahn beim Kugelstoßen wird durch die Gleichung $s(x) = -0{,}04x^2 + 0{,}8x + 1{,}95$ beschrieben.
Dabei gilt:
x: horizontaler Abstand der Kugel in m vom Abwurfpunkt
s: Höhe der Kugel in m über dem Boden

a) Welche Bedeutung hat s (0)?

Dies ist die Abwurfhöhe 1,95 m.

b) Ermittle die Wurfweite der Kugel.

$0 = -0{,}04x^2 + 0{,}8x + 1{,}95$
$0 = x^2 - 20x - 48{,}75$
$x_1 \approx -2{,}20$ entfällt
$x_2 \approx 22{,}20$
Die Flugweite beträgt 22,20 m.

c) Bestimme die aktuelle Höhe der Kugel für x = 2,5 m.

$s = -0{,}04 \cdot 2{,}5^2 + 0{,}8 \cdot 2{,}5 + 1{,}95$
$s = 3{,}7$
Die Kugel befindet sich in 3,7 m Höhe.